電波工学基礎シリーズ　1　◉新井宏之 監修

電磁波工学

広川二郎・木村雄一・新井宏之 著

朝倉書店

シリーズ監修

新井　宏之　　横浜国立大学 大学院工学研究院 教授

著　者

広川　二郎　　東京工業大学 工学院 教授

木村　雄一　　埼玉大学 大学院理工学研究科 准教授

新井　宏之　　横浜国立大学 大学院工学研究院 教授

まえがき

すべてのものがワイヤレスにつながる時代が間近に迫る中，その基盤となるのは電磁波である．本シリーズでは電磁波の基本となる電磁気学から，空間に電磁波を発生させるアンテナ，伝送路を伝搬する電磁波とその応用素子，そして，実際に伝わる電磁波の特性を，電磁波工学，波動伝送工学，電波伝搬として一貫して学べることを目的としている．

電磁波は電界と磁界からなる波動であり，空気中において電界の時間的変化により磁界が発生し，磁界の時間的変化により電界が発生する．電磁波では電界と磁界が表裏一体であり，電界と磁界の特性の類似点，相違点を理解することが電磁波工学では重要である．

電磁波工学に関する本書では，まず1章において電磁波工学の理解に必要な電磁界の基本的な法則をまとめ，2章では空間における電磁波伝搬の基本となる平面波を扱っている．次に，3章において波源からの電磁波の放射を説明するとともにアンテナの基本的な評価指標をまとめ，4章では基本的なアンテナに関して動作原理，特性を説明している．最後に，5章において代表的な電磁界の数値解析手法を解説している．

本シリーズは，大学専門科目から工業高等専門学校での講義に用いることを想定し，執筆されている．電磁波の動作はマクスウェルの方程式という電界と磁界の連立ベクトル偏微分方程式に基づいており，微分方程式とベクトル解析に関する数学の知識が電磁波工学の理解の手助けになるので，できるだけ詳しく式の導出を示している．また，読者の理解を助けるものとして，各章末に演習問題を示している．演習問題の解答は，本書末尾に略解を示すとともに，その詳解を朝倉書店ウェブページ上（www.asakura.co.jp/books/isbn/978-4-254-22214-2/）に掲載している．併せて参考にされたい．

2018年10月

著者一同

目　　次

1　電磁気学 ――――――――――――――――――――――――――――――〔**広川二郎**〕1
1.1　電荷にはたらく力と材料定数　1
1.1.1　電荷にはたらく力　1
1.1.2　誘電率　2
1.1.3　導電率　2
1.1.4　透磁率　3
1.2　電磁界の法則　3
1.2.1　ガウスの法則　3
1.2.2　磁束密度の法則　4
1.2.3　拡張されたアンペールの法則　4
1.2.4　ファラデーの法則　5
1.2.5　マクスウェルの方程式　6
1.3　電磁束密度の移動による電磁界の発生　6
1.3.1　電束密度の移動による磁界の発生　6
1.3.2　磁束密度の移動による電界の発生　9
1.3.3　平面波における電界，磁界，速度ベクトルの関係　10
1.4　境界条件　12
1.4.1　電界の境界条件　12
1.4.2　磁束密度の境界条件　13
1.4.3　磁界の境界条件　14
1.4.4　電束密度の境界条件　14
1.4.5　完全導体における境界条件　15
1.5　電磁界が運ぶエネルギー　16
1.6　電磁界の数学表現と諸定理　18
1.6.1　波動方程式　18
1.6.2　正弦波電磁界の複素表示　18
1.6.3　相反定理　18

1.6.4　一意性定理　19
1.6.5　等価定理　20

2　平面波 ――――〔**広川二郎**〕24
2.1　z 方向に伝搬する平面波　24
2.2　偏　波　26
2.3　電磁界の波動方程式の一般解　28
2.3.1　ベクトルヘルムホルツ方程式　28
2.3.2　波数ベクトル　29
2.3.3　電磁界と波数ベクトルの関係　31
2.4　定在波　32
2.4.1　振幅が等しい２つの平面波が互いに反対の方向から入射する場合　32
2.4.2　振幅が等しい２つの平面波が斜めに交差して入射する場合　34
2.5　平面波の反射と透過　37
2.5.1　境界面への垂直入射　37
2.5.2　境界面への TE 波の斜入射　39
2.5.3　境界面への TM 波の斜入射　44
2.5.4　ブリュースター角　46
2.5.5　全反射　47
2.6　導体平面への入射　50
2.6.1　完全導体への垂直入射　50
2.6.2　完全導体への TE 波の斜入射　52
2.6.3　導電性媒質への TE 波の斜入射　54

3　アンテナの基本特性 ――――〔**木村雄一**〕57
3.1　波源からの放射　57
3.1.1　波源のある定常電磁界の波動方程式　57
3.1.2　自由空間における波動方程式の解　60
3.2　微小ダイポールからの放射　62
3.3　微小ダイポールのアンテナパラメータ　66

3.3.1　指向性　66
3.3.2　放射パターン　67
3.3.3　放射電力 P_r　68
3.3.4　放射抵抗 R_r　69
3.4　線状アンテナ　69
3.4.1　指向性と放射パターン　69
3.4.2　放射電力と放射抵抗　72
3.4.3　実効長 l_e　73
3.4.4　入力インピーダンスと反射係数　74
3.5　受信アンテナ　75
3.5.1　相反性　75
3.5.2　受信開放電圧　76
3.5.3　受信有能電力　77
3.5.4　実効開口面積 A_e　78
3.5.5　利得 G　79
3.5.6　利得とアンテナの面積　80
3.5.7　フリスの伝達公式　82

4　アンテナ ――――――――――――――――――――〔**木村雄一**〕87
4.1　線状アンテナ　87
4.1.1　直線上アンテナ　87
4.1.2　ループアンテナ　88
4.1.3　折り返しアンテナ　92
4.1.4　接地アンテナ　93
4.2　アレーアンテナ　96
4.2.1　2 素子アレーの例　97
4.2.2　アレーファクタ（配列係数）　98
4.2.3　N 素子リニアアレー　99
4.2.4　プラナーアレー（面アレー）　101
4.2.5　代表的な励振分布と指向性　102
4.2.6　自己インピーダンスと相互インピーダンス　107
4.2.7　アレーアンテナの利得　109

4.2.8　アレーアンテナの例　111
4.3　開口面アンテナ　115
4.3.1　等価波源の性質（等価原理）　116
4.3.2　開口からの放射　116
4.3.3　方形開口（一様分布）からの放射　119
4.3.4　円形開口（一様分布）からの放射　120
4.3.5　開口面アンテナの利得　121
4.3.6　開口面アンテナの遠方界の条件　122
4.4　平面アンテナ　124
4.4.1　スロットアンテナ　125
4.4.2　マイクロストリップアンテナ（パッチアンテナ）　128

5　電磁界解析手法 ――――――――――〔**新井宏之**〕136
5.1　モーメント法　136
5.2　有限要素法　140
5.3　FDTD 法　145

付録 1　数学公式　152
付録 2　演習問題略解　153
索　引　156

電波工学基礎シリーズ

2　電波伝搬

1　電波伝搬の基礎 / 2　電離層伝搬 / 3　対流圏伝搬 /
4　移動伝搬 / 5　伝搬関連の技術

3　波動伝送工学

1　マイクロ波工学とその基礎事項 / 2　マイクロ波伝送線路 /
3　回路素子 / 4　共振回路の性質 / 5　マイクロ波回路の実際

主な回路記号（新旧対応表）

	新記号	旧記号
抵抗	R 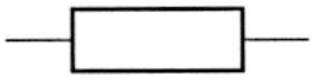	R 
コイル	L 	L 

本書中の数学表記

- ベクトル・スカラー
  - — $\boldsymbol{A}, \boldsymbol{B}, \cdots, \boldsymbol{x}, \boldsymbol{y}, \cdots$（ベクトル）
  - — $A, B, \cdots, x, y, \cdots$（スカラー）
- 指数関数
  - — $\exp(x) := e^x$
- 対数関数
  - — $\log x := \log_{10} x$（常用対数）
  - — $\ln x := \log_e x$（自然対数）
- 複素数
  - — $j^2 = -1$（虚数単位）
  - — x, y を実数とすると，$z = x + jy$ のとき，$z^* = x - jy$（複素共役）

1 電磁気学

本章では，電磁波工学の理解に必要な電磁気学の内容を扱う．ガウスの法則，拡張されたアンペールの法則，ファラデーの法則などの電磁界の基礎的な法則をまとめている．本章の特徴として，電磁束密度の移動による電磁界の発生を説明し，これらから平面波における電界，磁界，速度ベクトルの関係を導いている．次に，電磁界の境界条件を説明しているが，静電気，静磁気と異なり，電界と磁界の両方を考慮して導く必要がある．最後に，電磁界の諸定理として相反定理，一意性定理，等価定理を説明している．

1.1 電荷にはたらく力と材料定数

1.1.1 電荷にはたらく力

電界 $\boldsymbol{E}$ [V/m]，磁束密度 $\boldsymbol{B}$ [Wb/m^2] がある空間内を，速度 $\boldsymbol{v}$ [m/s] で移動する電荷 Q [C] にはたらく力 $\boldsymbol{f}$ [N] を**ローレンツ力**といい，次式で与えられる．

$$\boldsymbol{f}=Q\boldsymbol{E}+Q\boldsymbol{v}\times\boldsymbol{B} \tag{1.1}$$

ここで，第1項は**クーロン力**である．また，第2項だけをローレンツ力という場合もあり，本書では，以下，第2項だけをローレンツ力ということとする．

クーロン力 $\boldsymbol{f}_C$ と電界 $\boldsymbol{E}$ の向きは，図1.1のように同じである．ローレンツ

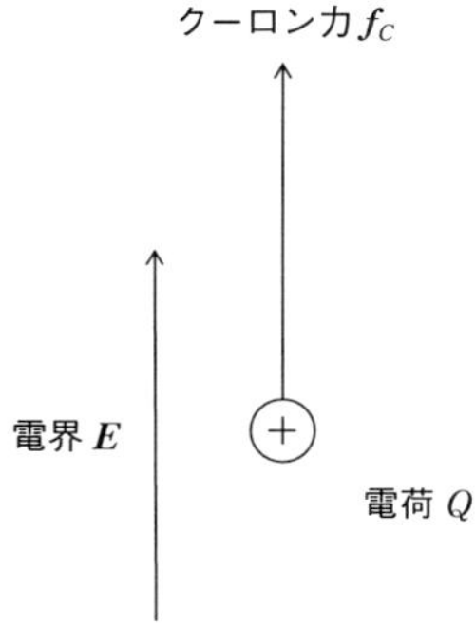

図1.1 クーロン力と電界の向きの関係

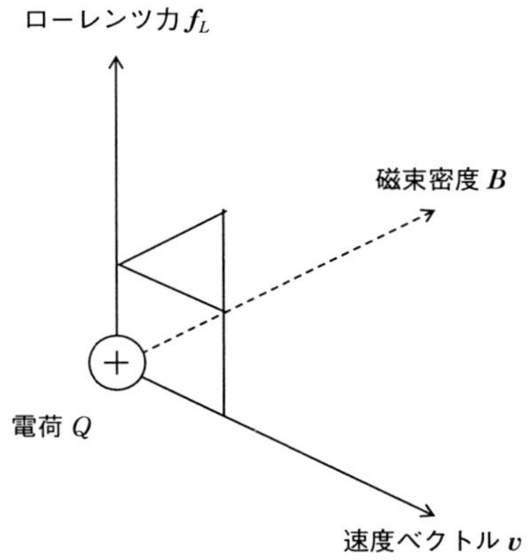

図 1.2 ローレンツ力，速度ベクトル，磁束密度の向きの関係

力 $\boldsymbol{f}_L$，速度ベクトル $\boldsymbol{v}$，磁束密度 $\boldsymbol{B}$ の向きの関係を図 1.2 に示す．ローレンツ力 $\boldsymbol{f}_L$ の方向は，速度ベクトル $\boldsymbol{v}$ と磁束密度 $\boldsymbol{B}$ のそれぞれに対して垂直である．また，速度ベクトル $\boldsymbol{v}$ から磁束密度 $\boldsymbol{B}$ へ右ねじを回したときに進む方向がローレンツ力 $\boldsymbol{f}_L$ の方向である．

1.1.2 誘電率

電界 $\boldsymbol{E}$ と電束密度ベクトル $\boldsymbol{D}$ [C/m^2] の間には，次式の関係がある．

$$\boldsymbol{D}=\varepsilon\boldsymbol{E} \tag{1.2}$$

ここで，ε [F/m] を**誘電率**という．誘電率は通常スカラー量であるが，テンソル量である場合もある．誘電率を真空中での誘電率 ε_0($\cong 8.854\times10^{-12}$ F/m) でわったものを**比誘電率** ε_r という．空気中での誘電率は真空中での誘電率にほぼ等しい．

1.1.3 導電率

媒質内の電界 $\boldsymbol{E}$ と面電流密度 $\boldsymbol{j}_s$ [A/m^2] の間には，次式の関係がある．

$$\boldsymbol{j}_s=\sigma\boldsymbol{E} \tag{1.3}$$

ここで，σ [S/m] を**導電率**という．導電率は導体の損失の程度を表す．完全導体の場合，導電率は $\sigma=\infty$ であり無損失である．

1.1.4　透磁率

磁界 $\boldsymbol{H}$ [A/m] と磁束密度ベクトル $\boldsymbol{B}$ の間には，次式の関係がある．

$$\boldsymbol{B}=\mu\boldsymbol{H} \tag{1.4}$$

ここで，μ [H/m] を**透磁率**という．透磁率は通常スカラー量であるが，テンソル量である場合もある．透磁率を真空中での透磁率 μ_0(＝$4\pi\times10^{-7}$ H/m) でわったものを**比透磁率** μ_r という．空気中での透磁率は真空中での透磁率にほぼ等しい．

1.2　電磁界の法則

1.2.1　ガウスの法則

図 1.3 のように，空間の任意の閉曲面 S 上で電束密度 $\boldsymbol{D}$ を面積分した値は，$\boldsymbol{S}$ を閉曲面とする閉領域 V の中に含まれる電荷 Q_i の和になる．これを**ガウスの法則**といい，次式で与えられる．電束密度 $\boldsymbol{D}$ の向きは，正電荷の場合は電荷から出る方向であり，負電荷の場合には電荷へ入る方向である．

$$\oint_S \boldsymbol{D}\cdot d\boldsymbol{s}=\sum_i Q_i=\oint_V \rho dv \tag{1.5}$$

式(1.5)の最右辺は，電荷が連続的に分布する場合であり，ρ [C/m^3] は電荷体積密度である．積分形である式(1.5)は，ガウスの発散定理(B.1)を用いて次式の微分形に変形できる．

$$\nabla\cdot\boldsymbol{D}=\rho \tag{1.6}$$

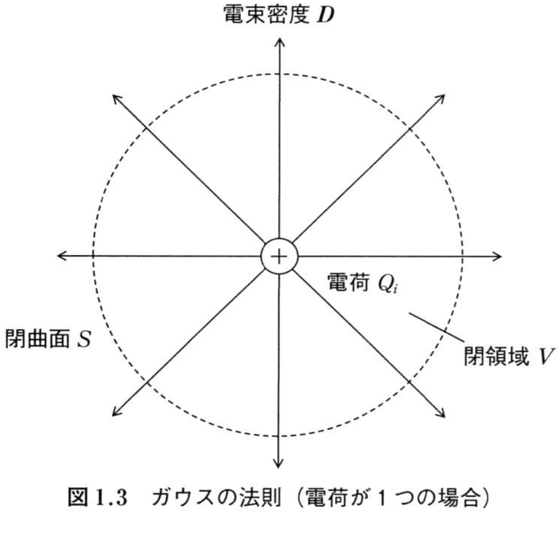

図 1.3　ガウスの法則（電荷が 1 つの場合）

1.2.2 磁束密度の法則

図 1.4 のように，空間の任意の閉曲面 S 上で磁束密度 $\boldsymbol{B}$ を面積分した値は常に 0 になり，次式で与えられる．磁束密度 $\boldsymbol{B}$ は常に閉じている．

$$\oint_S \boldsymbol{B}\cdot d\boldsymbol{s}=0 \tag{1.7}$$

積分形である式(1.7)は，ガウスの発散定理(B.1)を用いて次式の微分形に変形できる．

$$\nabla\cdot\boldsymbol{B}=0 \tag{1.8}$$

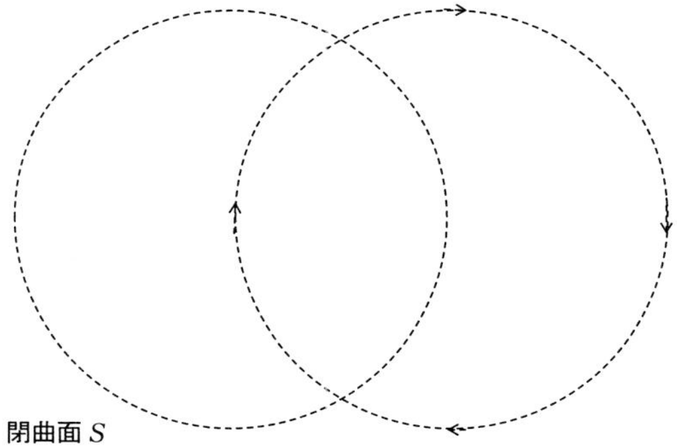

図 1.4　磁束密度に関する法則

1.2.3 拡張されたアンペールの法則

図 1.5 のように，空間の任意の閉曲線 C 上で磁界 $\boldsymbol{H}$ を線積分した値は，閉曲線 C を外周とする閉曲面 S を横切る電流 I_i と電束密度の時間変化（**変位電流**）$\partial\boldsymbol{D}/\partial t$ の和になる．これを**拡張されたアンペールの法則**または**アンペール・マクスウェルの法則**といい，次式で与えられる．磁界 $\boldsymbol{H}$ の向きは電流の方向へみたときに対して右回りになる．

$$\oint_C \boldsymbol{H}\cdot d\boldsymbol{l}=\sum_i I_i+\oint_S \frac{\partial\boldsymbol{D}}{\partial t}\cdot d\boldsymbol{s}=\oint_S\left(\boldsymbol{j}_s+\frac{\partial\boldsymbol{D}}{\partial t}\right)\cdot d\boldsymbol{s} \tag{1.9}$$

式(1.9)の最右辺は，電流が連続的に分布する場合であり，$\boldsymbol{j}_s$ は面電流密度である．

積分形である式(1.9)は，ストークスの定理(C.1)を用いて次式の微分形に変形できる．

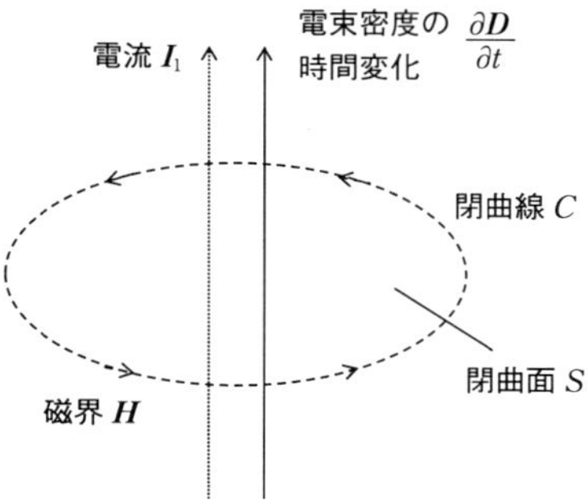

図 1.5　拡張されたアンペールの法則（電流が 1 つの場合）

$$\nabla \times \boldsymbol{H} = \boldsymbol{j}_s + \frac{\partial \boldsymbol{D}}{\partial t} \tag{1.10}$$

式(1.10)の両辺の発散をとり，式(1.6)を代入すると，任意のベクトルの回転の発散は 0 であるから，次式の**電荷保存の式**または**電流連続の式**が得られる．

$$\nabla \cdot \boldsymbol{j}_s = -\frac{\partial \rho}{\partial t} \tag{1.11}$$

微分形である式(1.11)は，両辺を体積分して左辺にガウスの発散定理を用いると次式の積分形に変形できる．

$$\oint_S \boldsymbol{j}_s \cdot d\boldsymbol{s} = -\oint_V \frac{\partial \rho}{\partial t}\, dv \tag{1.12}$$

閉曲面 S から出る電流は時間あたりの閉領域 V 内の電荷の減少に対応する．

1.2.4　ファラデーの法則

図 1.6 のように，空間の任意の閉曲線 C 上で電界 $\boldsymbol{E}$ を線積分した値（起電力）は，閉曲線 C を外周とする閉曲面 S を横切る磁束密度の時間変化をさまたげるように発生するため，負の符号をつけた $-\partial \boldsymbol{B}/\partial t$ の和になる．これを**ファラデーの法則**といい，次式で与えられる．電界 $\boldsymbol{E}$ の向きは磁束密度の方向へみたときに対して左回りになる．

$$\oint_C \boldsymbol{E} \cdot d\boldsymbol{l} = -\oint_S \frac{\partial \boldsymbol{B}}{\partial t} \cdot d\boldsymbol{s} \tag{1.13}$$

積分形である式(1.11)は，ストークスの定理(C.1)を用いて次式の微分形に

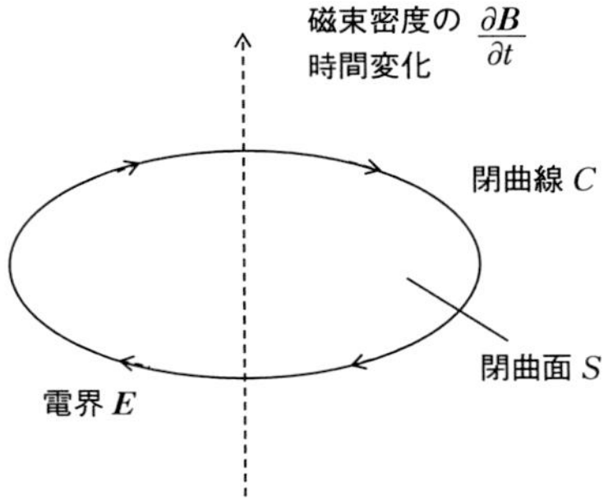

図 1.6 ファラデーの法則

変形できる．

$$\nabla \times \boldsymbol{E} = -\frac{\partial \boldsymbol{B}}{\partial t} \tag{1.14}$$

1.2.5 マクスウェルの方程式

1.2.1～1.2.4 で述べた電磁界の法則を表す 4 つの式をまとめて**マクスウェルの方程式**という．マクスウェルの方程式には，積分形と微分形がある．積分形は式(1.5)，(1.7)，(1.9)，(1.13)であり，微分形は式(1.6)，(1.8)，(1.10)，(1.14)である．

1.3 電磁束密度の移動による電磁界の発生

1.3.1 電束密度の移動による磁界の発生

電束密度の移動による磁界の発生に関して，線電荷による電束密度の発生と線電流による磁界の発生の関係の例で説明する．

図 1.7 のように，線電荷密度 σ [C/m] の電荷により発生する電束密度 $\boldsymbol{D}$ の距離 ρ [m] での大きさは D，ガウスの法則から $D=\sigma/2\pi\rho$ であり，向きは外向きである．また，図 1.8 のように，下から上へ流れる電流の大きさ I [A] の電流により発生する磁界 $\boldsymbol{H}$ の距離 ρ での大きさ H は，ガウスの法則から $H=I/2\pi\rho$ である．図 1.8 において，⊗は図の手前から奥への向きを表し，⊙は図の奥から手前への向きを表しており，磁界 $\boldsymbol{H}$ は，右側では手前から奥への向きへ発生し，左側では奥から手前への向きへ発生している．

電流は電荷の移動であるので，電流により磁界が発生することは，電荷によ

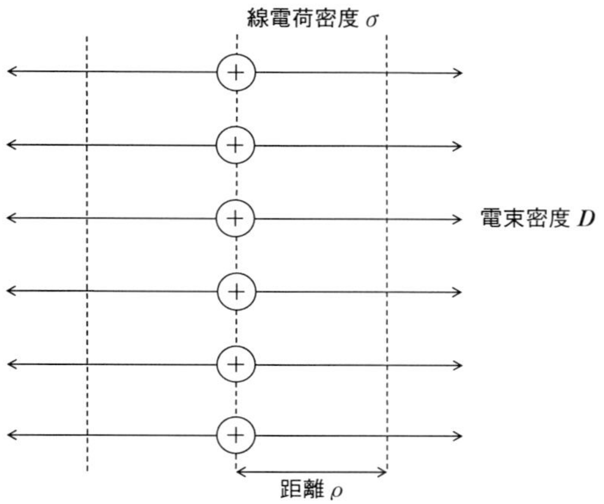

図 1.7　線電荷による電束密度の発生

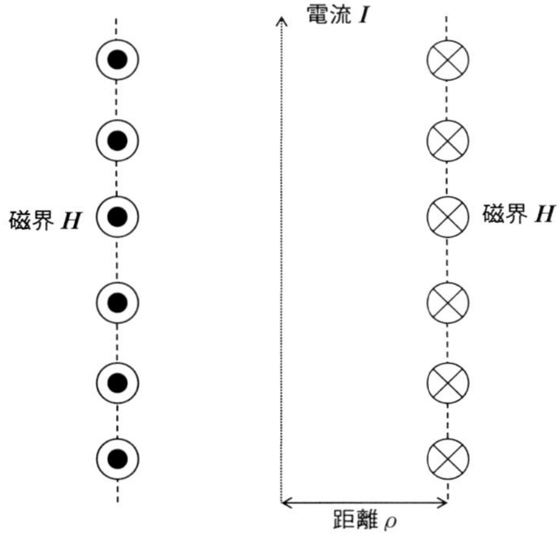

図 1.8　線電流による磁界の発生

り発生した電束密度が移動して磁界が発生していることになる．なお，電磁界は場であるため，厳密には場そのものが移動するのではなく場の影響が移動する．本書では分かりやすさのため，電磁界が移動するという表現を用いる．

電荷の移動速度を v [m/s] とすると，電流の大きさ I と線電荷密度 σ の間には $I=v\sigma$ の関係が成り立ち，磁界の大きさ H と電束密度の大きさ D の間には $H=vD$ の関係が成り立つ．ベクトルを用いて表すと，磁界 $\boldsymbol{H}$，電束密度 $\boldsymbol{D}$，速度ベクトル $\boldsymbol{v}$ の間には次式が成り立つ．

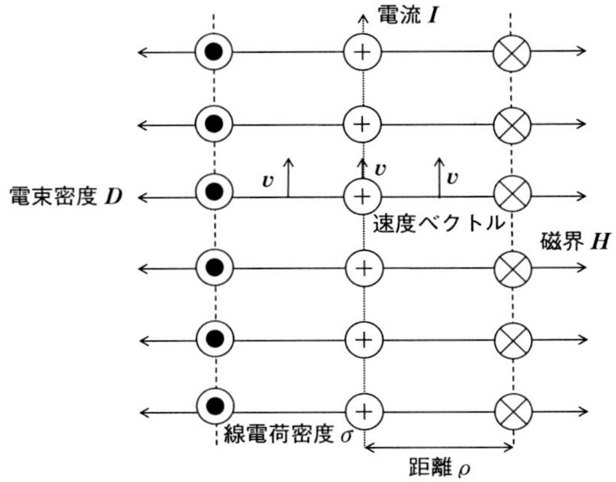

図 1.9　電束密度の移動による磁界の発生

$$\boldsymbol{H}=\boldsymbol{v}\times\boldsymbol{D} \tag{1.15}$$

この関係は一般に成り立つが，それを証明することは本書の範囲を越えるため，他書を参考にしていただきたい．

式(1.15)の関係は，変位電流でも説明できる．これも例を用いて説明する．図 1.10 のように，2 枚の極板に下から上へ（変位）電流が流れる場合を考える．電流が流れることは，正電荷が電流と同じ向きに移動すること，または負電荷が電流と逆向きに移動することと同じである．下極板では正電荷が極板表

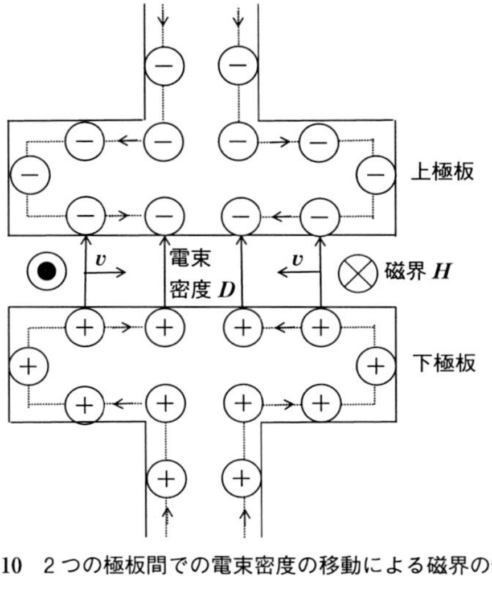

図 1.10　2 つの極板間での電束密度の移動による磁界の発生

面を下から上へ移動し，上極板では負電荷が極板表面を上から下へ移動する．2つの極板間では，下から上へ電束密度 $\boldsymbol{D}$ が発生し，それが内側へ移動している．下から上への電束密度 $\boldsymbol{D}$ の内側への移動（速度ベクトル $\boldsymbol{v}$）により，式(1.15)の関係から，磁界 $\boldsymbol{H}$ は，右側では手前から奥への向きへ発生し，左側では奥から手前への向きへ発生する．これは，図1.8における下から上へ流れる電流による磁界の発生と同じ向きである．なお，図1.10では，極板間以外での正電荷から負電荷への電束密度 $\boldsymbol{D}$ は分かりやすさのため記載していない．

1.3.2 磁束密度の移動による電界の発生

磁束密度の移動による電界の発生に関して，電荷と磁束密度の移動でのローレンツ力の例で説明する．

図1.11のように，磁束密度 $\boldsymbol{B}$ が右向きに発生している空間内を速度ベクトル $\boldsymbol{v}$ で上向きへ移動する電荷 Q には手前から奥へローレンツ力 $\boldsymbol{f}_L = Q\boldsymbol{v}\times\boldsymbol{B}$ が発生する．電荷に力がはたらいているということは，電荷に電界 $\boldsymbol{E}=\boldsymbol{v}\times\boldsymbol{B}$ が同じ向きにかかっていることになる．次に，図1.12のように，電荷 Q が静止しており，右向きに発生している磁束密度 $\boldsymbol{B}$ が速度ベクトル $-\boldsymbol{v}$ で下向きへ移動する場合を考える．厳密には磁束密度が移動するのではなく，磁束密度を発生させているものが移動する．図1.11と図1.12における電荷 Q と磁束密度 $\boldsymbol{B}$ の相対的位置関係は変わっていないため，図1.11と図1.12において同じ電磁現象が起こる．すなわち，図1.12において電荷 Q に電界 $\boldsymbol{E}=\boldsymbol{v}\times\boldsymbol{B}$ が手前から奥へかかっていることになる．さらに，図1.13のように，電荷 Q が静止しており，右向きに発生している磁束密度 $\boldsymbol{B}$ が速度ベクトル $\boldsymbol{v}$ で上向

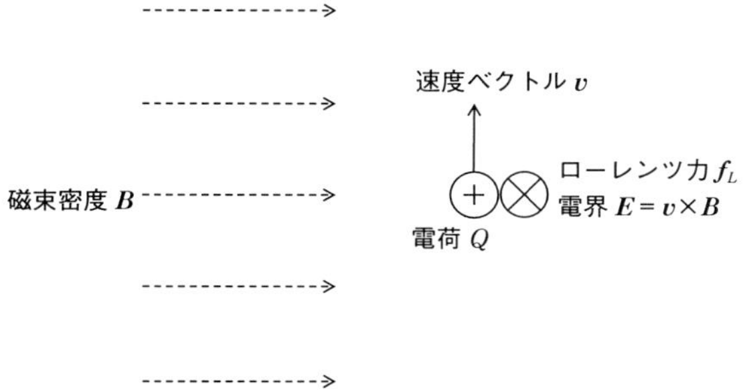

図1.11 静止した磁束密度がある空間内を電荷が速度ベクトル $\boldsymbol{v}$ で移動する場合

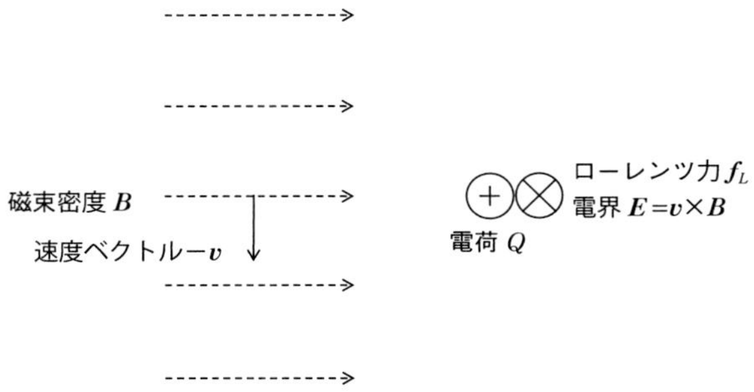

図 1.12　速度ベクトル $-\boldsymbol{v}$ で移動する磁束密度がある空間内を電荷が静止している場合

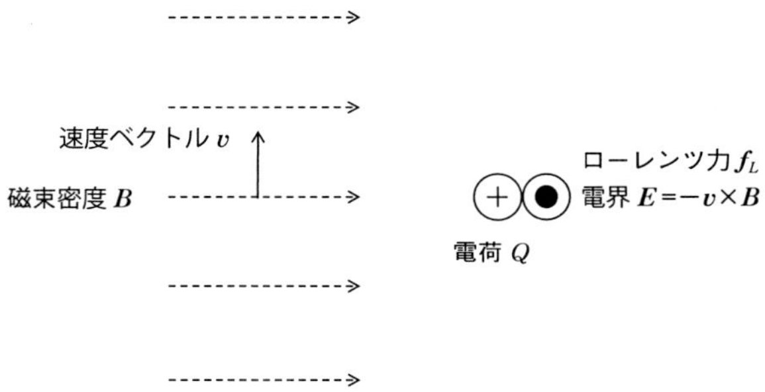

図 1.13　速度ベクトル $\boldsymbol{v}$ で移動する磁束密度がある空間内を電荷が静止している場合

きへ移動する場合を考える．図 1.12 とは速度ベクトルの向きが逆になっているため，電荷 Q に電界 $\boldsymbol{E}=-\boldsymbol{v}\times\boldsymbol{B}$ が奥から手前へかかっていることになる．

すなわち，磁束密度 $\boldsymbol{B}$ が速度ベクトル $\boldsymbol{v}$ で移動する場合には，次式で与えられる電界 $\boldsymbol{E}$ が発生している．

$$\boldsymbol{E}=-\boldsymbol{v}\times\boldsymbol{B} \tag{1.16}$$

1.3.3　平面波における電界，磁界，速度ベクトルの関係

自由空間にある点波源から波が等方的に球面状に広がっていく場合を考える．等振幅等位相面である波面は球面状であり，このような波を**球面波**という．波が波源から離れていくと波面の曲率は大きくなり，波面は平面状に近づいてくる．波面が平面状の波を**平面波**という．1 方向に伝搬する平面波の波面は無限に広がっており，その伝搬には無限のエネルギーが必要であるため，現実的に完全な平面波は存在しない．

電磁界の平面波を考えるうえで最も重要なのは，図 1.14 に示す電界 $\boldsymbol{E}$，磁

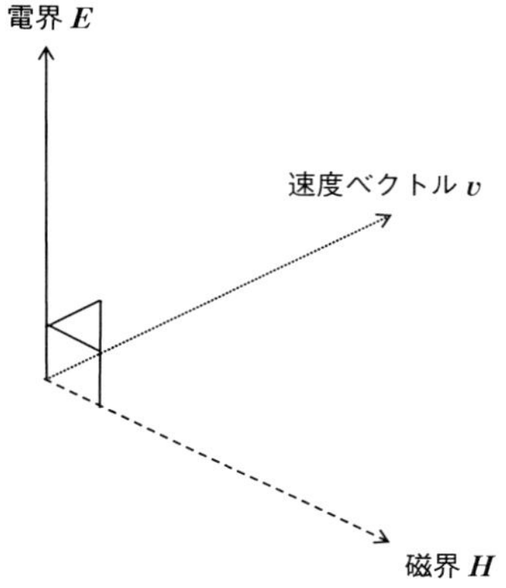

図 1.14　電界 E，磁界 H，速度ベクトル v の関係

界 $\boldsymbol{H}$，速度ベクトル $\boldsymbol{v}$ の関係であり，次の 3 つである．

(a)　速度ベクトル $\boldsymbol{v}$ の方向は，電界 $\boldsymbol{E}$ と磁界 $\boldsymbol{H}$ のそれぞれに対して垂直である．また，電界 $\boldsymbol{E}$ から磁界 $\boldsymbol{H}$ へ右ねじを回したときに進む方向が速度ベクトル $\boldsymbol{v}$ の方向である．

(b)　速度ベクトル $\boldsymbol{v}$ の大きさは次式で与えられる．

$$|\boldsymbol{v}|=\frac{1}{\sqrt{\varepsilon\mu}} \tag{1.17}$$

ここで，ε，μ は，それぞれ媒質の誘電率と透磁率である．

(c)　電界の磁界に対する大きさの比を**波動インピーダンス**といい，次式で与えられる．

$$Z=\frac{|\boldsymbol{E}|}{|\boldsymbol{H}|}=\sqrt{\frac{\mu}{\varepsilon}} \tag{1.18}$$

(a) から，平面波は伝搬方向に波の変位をもたない**横波**であることが分かる．電界 $\boldsymbol{E}$，磁界 $\boldsymbol{H}$，速度ベクトル $\boldsymbol{v}$ の 3 つのベクトルのうち 2 つが決まれば，残り 1 つのベクトルが (a) の関係から決まる．(b)，(c) に関し，真空中では，速度ベクトル $\boldsymbol{v}$ の大きさは光速 $c=1/\sqrt{\varepsilon_0\mu_0}$（$=2.998\times10^8$ m/s）に等しくなり，波動インピーダンスの値は $Z_0=\sqrt{\mu_0/\varepsilon_0}$（$=376.7\cong120\pi\ \Omega$）となる．比誘電率 ε_r，比透磁率 μ_r の媒質中での平面波の速度で光速 c をわったものを**屈折率** n といい，$n=\sqrt{\varepsilon_r\mu_r}$ で与えられる．

(a)～(c) の関係は式(1.15)と式(1.16)から示すことができる．平面波にお

いて電界 $\boldsymbol{E}$, 磁界 $\boldsymbol{H}$, 速度ベクトル $\boldsymbol{v}$ の自己整合した関係として表されている.

1.4 境界条件

1.4.1 電界の境界条件

図 1.15 のように, 媒質 1 と媒質 2 が境界面で接している場合を考える. 境界面における単位法線ベクトル $\hat{\boldsymbol{n}}$ の向きを図のように媒質 1 側へとる. 互いに直交する 3 つの単位ベクトル $\hat{\boldsymbol{n}}$, $\hat{\boldsymbol{l}}$, $\hat{\boldsymbol{s}}$ を用いた右手系直角座標系を考える. いま, 境界面をまたぐように微小な閉曲線 C をとる. Δl は $\hat{\boldsymbol{l}}$ に沿った微小長さであり, Δn は $\hat{\boldsymbol{n}}$ に沿った微小長さである. 式(1.13)を適用し, $\Delta n \to 0$ とする. 電界 $\boldsymbol{E}$ は有限の大きさであるため, $\Delta n \to 0$ とすると電界の線積分において BC 間と DA 間の寄与は 0 になる. AB 間と CD 間の寄与だけを考えると, 次式が得られる.

$$\boldsymbol{E}_1 \cdot d\boldsymbol{l} + \boldsymbol{E}_2 \cdot (-d\boldsymbol{l}) = E_{1l}\Delta l - E_{2l}\Delta l = -\frac{\partial}{\partial t}(\boldsymbol{B} \cdot \hat{\boldsymbol{s}})\Delta n \Delta l \qquad (1.19)$$

ここで, E_{1l} と E_{2l} はそれぞれ媒質 1 と媒質 2 における電界 $\boldsymbol{E}$ の l 方向成分を表す. 最左辺第 2 項が負となっているのは, CD 間での線素ベクトル $-d\boldsymbol{l}$ の方向が AB 間での線素ベクトル $d\boldsymbol{l}$ の方向と逆になっているためである. 磁束密度 $\boldsymbol{B}$ は有限の大きさであるため, $\Delta n \to 0$ とすると右辺の値は 0 になる.

電界の l 方向成分 E_{1l} は, 巻末の数学公式(A.1)から次式で表される.

$$E_l = \boldsymbol{E} \cdot \hat{\boldsymbol{l}} = \boldsymbol{E} \cdot (\hat{\boldsymbol{s}} \times \hat{\boldsymbol{n}}) = -\hat{\boldsymbol{s}} \cdot (\boldsymbol{E} \times \hat{\boldsymbol{n}}) \qquad (1.20)$$

最終的には次式が得られる.

$$\boldsymbol{E}_1 \times \hat{\boldsymbol{n}} - \boldsymbol{E}_2 \times \hat{\boldsymbol{n}} = \boldsymbol{0} \qquad (1.21)$$

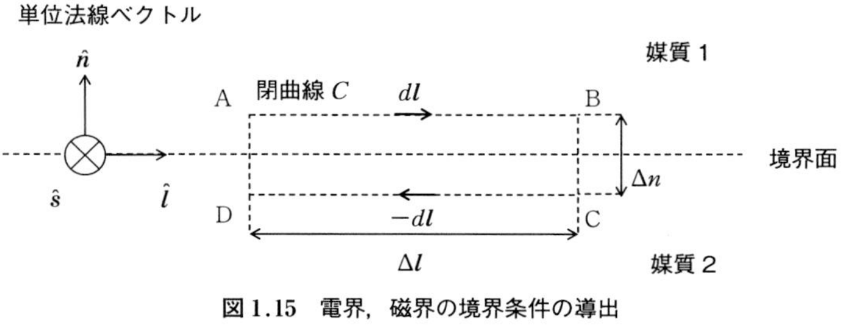

図 1.15 電界, 磁界の境界条件の導出

すなわち，電界の接線成分が境界面で連続になる．

1.4.2　磁束密度の境界条件

図1.16のように，媒質1と媒質2が境界面で接している場合を考える．境界面における単位法線ベクトル $\hat{\boldsymbol{n}}$ の向きを図のように媒質1側へとる．いま，境界面をまたぐように微小な閉曲面 S をとる．閉曲面 S は上面，下面，側面からなる．Δs は上面と下面の微小面積であり，Δn は境界面に対し垂直方向の微小長さである．C_1 と C_2 はそれぞれ上面と下面の外周の積分路である．ただし，これらは互いに積分方向が反対であることに注意する．

ベクトルの回転の定義から，式(1.14)は次式のようになる．

$$\lim_{\Delta s \to 0} \frac{1}{\Delta s} \oint_C \boldsymbol{E} \cdot d\boldsymbol{l} = (\nabla \times \boldsymbol{E}) \cdot \hat{\boldsymbol{n}} = -\frac{\partial \boldsymbol{B}}{\partial t} \cdot \hat{\boldsymbol{n}} \tag{1.22}$$

この式を C_1 と C_2 に適用して得られた2式の両辺をそれぞれ足し，$\Delta n \to 0$ とする．磁束密度の面積分において，磁束密度 $\boldsymbol{B}$ は有限の大きさであるため，$\Delta n \to 0$ とすると側面の寄与は0になる．上面と下面の寄与だけを考えると，次式が得られる．

$$\begin{aligned}\frac{1}{\Delta s} \oint_{C_1} \boldsymbol{E}_1 \cdot d\boldsymbol{l} + \frac{1}{\Delta s} \oint_{C_2} \boldsymbol{E}_2 \cdot d\boldsymbol{l} &= \frac{1}{\Delta s} \oint_{C_1} (\boldsymbol{E}_{1l} - \boldsymbol{E}_{2l}) \cdot d\boldsymbol{l} \\ &= -\frac{\partial}{\partial t} \boldsymbol{B}_1 \cdot \hat{\boldsymbol{n}} - \frac{\partial}{\partial t} \boldsymbol{B}_2 \cdot (-\hat{\boldsymbol{n}})\end{aligned} \tag{1.23}$$

ここで，$\boldsymbol{E}_{1l}$ と $\boldsymbol{E}_{2l}$ はそれぞれ媒質1と媒質2における電界 $\boldsymbol{E}$ の l 方向成分ベ

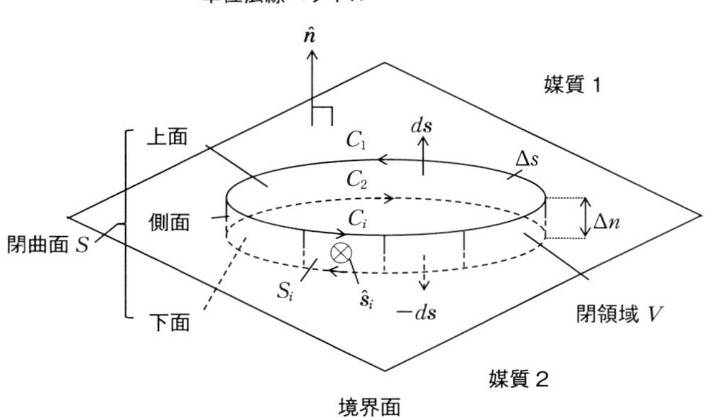

図1.16　磁束密度，電束密度の境界条件の導出

クトルを表す．$\Delta n \to 0$ とすると，C_1 と C_2 は重なり，C_2 の線積分は C_1 の線積分の -1 倍になる．最右辺の第 1 項と第 2 項で符号が異なっているのは上面と下面での外向き単位法線の向きが互いに逆になっているためである．境界面の上下で磁束密度の時間変化が同じで，式(1.21)が成り立てば，次式が成り立つ．

$$\hat{\boldsymbol{n}}\cdot\boldsymbol{B}_1-\hat{\boldsymbol{n}}\cdot\boldsymbol{B}_2=0 \tag{1.24}$$

すなわち，磁束密度の法線成分が境界面で連続になる．また，式(1.21)は式(1.24)の十分条件である．

1.4.3 磁界の境界条件

電界の境界条件と同じように考える．図 1.15 に対して式(1.9)を適用し，$\Delta n \to 0$ とする．磁界 $\boldsymbol{H}$ は有限の大きさであるため，$\Delta n \to 0$ とすると磁界の線積分において BC 間と DA 間の寄与は 0 になる．AB 間と CD 間の寄与だけを考えると，次式が得られる．

$$\begin{aligned}\boldsymbol{H}_1\cdot d\boldsymbol{l}+\boldsymbol{H}_2\cdot(-d\boldsymbol{l})&=H_{1l}\Delta l-H_{2l}\Delta l\\&=\boldsymbol{j}_s\cdot\hat{\boldsymbol{s}}\Delta n\Delta l+\frac{\partial}{\partial t}(\boldsymbol{D}\cdot\hat{\boldsymbol{s}})\Delta n\Delta l\end{aligned} \tag{1.25}$$

ここで，H_{1l} と H_{2l} はそれぞれ媒質 1 と媒質 2 における磁界 $\boldsymbol{H}$ の l 方向成分を表す．$\boldsymbol{j}_s$ は境界面に流れうる面電流である．最右辺第 2 項の電束密度 $\boldsymbol{D}$ は有限の大きさであるため，$\Delta n \to 0$ とすると右辺第 2 項の値は 0 になる．一方，最右辺第 1 項において，$\Delta n \to 0$ とすると $\boldsymbol{j}_s\Delta n(=\boldsymbol{j}_l)$ は有限の値をとる．最終的には，次式の磁界の接線成分の連続条件が得られる．

$$\hat{\boldsymbol{n}}\times\boldsymbol{H}_1-\hat{\boldsymbol{n}}\times\boldsymbol{H}_2=\boldsymbol{j}_l \tag{1.26}$$

ここで，$\boldsymbol{j}_l$ は境界面での線電流密度である．

1.4.4 電束密度の境界条件

磁束密度の境界条件と同じように考える．図 1.16 に対して式(1.5)を適用し，$\Delta n \to 0$ とすると，次式が得られる．

$$\begin{aligned}\frac{\partial}{\partial t}\boldsymbol{D}_1\cdot\hat{\boldsymbol{n}}-\frac{\partial}{\partial t}\boldsymbol{D}_2\cdot\hat{\boldsymbol{n}}&=\frac{1}{\Delta s}\oint_{C_1}\boldsymbol{H}_1\cdot d\boldsymbol{l}+\frac{1}{\Delta s}\oint_{C_2}\boldsymbol{H}_2\cdot d\boldsymbol{l}\\&=\frac{1}{\Delta s}\sum_i\oint_{C_i}\boldsymbol{H}\cdot d\boldsymbol{l}\end{aligned} \tag{1.27}$$

ここで，C_1 と C_2 の線積分は対で考え，側面を分割した微小面積の外周 C_i の線積分の和で表す．この場合，縦方向の線積分は隣接の微小面積で積分方向が逆のため相殺される．

式(1.9)より，式(1.27)の最右辺は，$\Delta n \to 0$ とすると電束密度の大きさは有限のため，側面でのその面積分の寄与はないので次式となる．

$$\frac{1}{\Delta s}\sum_i \oint_{C_i} \boldsymbol{H}\cdot d\boldsymbol{l} = \frac{1}{\Delta s}\sum_i \oint_{S_i} \boldsymbol{j}_s \cdot d\boldsymbol{s}_i$$

$$= \frac{1}{\Delta s}\sum_i \oint_{C_i} \boldsymbol{j}_s \cdot \hat{\boldsymbol{s}}_i \Delta n\, dl = \frac{1}{\Delta s}\sum_i \oint_{C_i} \boldsymbol{j}_l \cdot \hat{\boldsymbol{s}}_i\, dl \qquad (1.28)$$

一方，図 1.16 に対して，式(1.11)の体積分を適用する．電流は閉曲面の側面から内側に入ってくるので左から第 3 辺には負の符号がつくことに注意すると次式が得られる．

$$\oint_V \nabla\cdot \boldsymbol{j}_s dv = \oint_S \boldsymbol{j}_s \cdot d\boldsymbol{s} = -\sum_i \oint_{S_i} \boldsymbol{j}_s \cdot d\boldsymbol{s}_i = -\sum_i \oint_{C_i} \boldsymbol{j}_l \cdot \hat{\boldsymbol{s}}_i\, dl$$

$$= -\frac{\partial}{\partial t}\oint_V \rho\, dv = -\frac{\partial}{\partial t}\rho \Delta n \Delta s = -\frac{\partial}{\partial t}\sigma \Delta s \qquad (1.29)$$

式(1.28)と式(1.29)の関係を式(1.27)に代入する．境界面の上下で磁束密度，電荷密度の時間変化が同じで，次式の電束密度の法線成分の連続条件が得られる．

$$\hat{\boldsymbol{n}}\cdot \boldsymbol{D}_1 - \hat{\boldsymbol{n}}\cdot \boldsymbol{D}_2 = \sigma \qquad (1.30)$$

ここで，σ は境界面での面電荷密度である．また，式(1.26)は式(1.30)の十分条件である．

1.4.5 完全導体における境界条件

完全導体内の電磁界は 0 となるため，媒質 2 が完全導体の場合の電磁界の境界条件は以下のようになる．これらの式は，式(1.21)，(1.24)，(1.26)，(1.30)に，それぞれ $\boldsymbol{E}_2=\boldsymbol{0}$，$\boldsymbol{B}_2=\boldsymbol{0}$，$\boldsymbol{H}_2=\boldsymbol{0}$，$\boldsymbol{D}_2=\boldsymbol{0}$ を代入して得られる．

$$\boldsymbol{E}_1 \times \hat{\boldsymbol{n}} = \boldsymbol{0} \qquad (1.31)$$

$$\hat{\boldsymbol{n}}\cdot \boldsymbol{B}_1 = 0 \qquad (1.32)$$

$$\hat{\boldsymbol{n}} \times \boldsymbol{H}_1 = \boldsymbol{j}_l \qquad (1.33)$$

$$\hat{\boldsymbol{n}}\cdot \boldsymbol{D}_1 = \sigma \qquad (1.34)$$

完全導体表面上には，式(1.33)と式(1.34)でそれぞれ与えられる線電流密度 $\boldsymbol{j}_l$ と面電荷密度 σ がある．

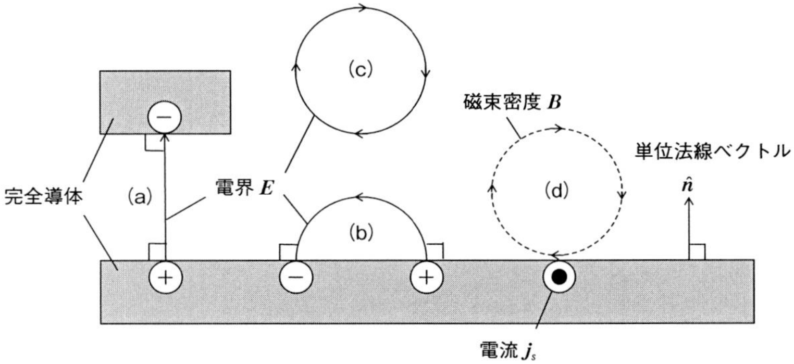

図 1.17　時間的に変化する電磁界と完全導体での境界条件の様子

図 1.17 に，時間的に変化する電磁界と完全導体での境界条件の様子を示す．電界 $\boldsymbol{E}$ は次の 4 つである．

(a)　異なる完全導体間で，正の電荷から垂直に出て，負の電荷へ垂直に入る．静電界ではこれだけがおこる．

(b)　同じ完全導体で，正の電荷から垂直に出て，負の電荷へ垂直に入る．

(c)　電界自身で閉じる．

また，磁束密度 $\boldsymbol{B}$ は以下のとおりである．

(d)　磁束密度自身で閉じる．完全導体表面では，磁束密度はそれと平行になり，電流 $\boldsymbol{j}_l(=\hat{\boldsymbol{n}}\times\boldsymbol{H})$ が流れる．ここで，単位法線ベクトル $\hat{\boldsymbol{n}}$ の向きは図 1.7 のようにとり，$\boldsymbol{H}$ は完全導体表面での磁界である．これらは静磁界でもおこる．

1.5　電磁界が運ぶエネルギー

電磁界が存在する閉領域を V，その境界閉曲面を S とする．閉領域 V 内に含まれる電気エネルギーと磁気エネルギーは次式で与えられる．

$$W=\oint_V\left(\frac{1}{2}\boldsymbol{E}\cdot\boldsymbol{D}+\frac{1}{2}\boldsymbol{B}\cdot\boldsymbol{H}\right)dv \tag{1.35}$$

このエネルギーが時間的に変化しているとすると，単位時間あたりの変化は次式となる．ただし，材料定数は時間的に変化していないとする．

$$\frac{\partial W}{\partial t}=\oint_V\left\{\frac{1}{2}\frac{\partial}{\partial t}(\boldsymbol{E}\cdot\boldsymbol{D})+\frac{1}{2}\frac{\partial}{\partial t}(\boldsymbol{B}\cdot\boldsymbol{H})\right\}dv \tag{1.36}$$

式(1.36)の右辺の被積分関数の第 1 項は，式(1.2)，(1.10)を用いて，次式のように変形できる．

$$\begin{aligned}\frac{1}{2}\frac{\partial}{\partial t}(\boldsymbol{E}\cdot\boldsymbol{D})&=\frac{1}{2}\frac{\partial}{\partial t}(\boldsymbol{E}\cdot\varepsilon\boldsymbol{E})=\frac{1}{2}\frac{\partial}{\partial t}(\varepsilon E^2)=\boldsymbol{E}\cdot\frac{\partial}{\partial t}(\varepsilon\boldsymbol{E})=\boldsymbol{E}\cdot\frac{\partial\boldsymbol{D}}{\partial t}\\&=\boldsymbol{E}\cdot(\nabla\times\boldsymbol{H}-\boldsymbol{j}_s)=\boldsymbol{E}\cdot\nabla\times\boldsymbol{H}-\boldsymbol{E}\cdot\boldsymbol{j}_s\end{aligned} \tag{1.37}$$

ここで，E^2 は電界 $\boldsymbol{E}$ の大きさの 2 乗を表す．式(1.36)の右辺の被積分関数の第 2 項は，式(1.4)，(1.14)を用いて，次式のように変形できる．

$$\begin{aligned}\frac{1}{2}\frac{\partial}{\partial t}(\boldsymbol{B}\cdot\boldsymbol{H})&=\frac{1}{2}\frac{\partial}{\partial t}\left(\boldsymbol{B}\cdot\frac{1}{\mu}\boldsymbol{B}\right)=\frac{1}{2}\frac{\partial}{\partial t}\left(\frac{1}{\mu}B^2\right)=\frac{1}{\mu}\boldsymbol{B}\cdot\frac{\partial\boldsymbol{B}}{\partial t}=\boldsymbol{H}\cdot\frac{\partial\boldsymbol{B}}{\partial t}\\&=\boldsymbol{H}\cdot(-\nabla\times\boldsymbol{E})=-\boldsymbol{H}\cdot\nabla\times\boldsymbol{E}\end{aligned} \tag{1.38}$$

ここで，B^2 は磁束密度 $\boldsymbol{B}$ の大きさの 2 乗を表す．さらに，式(1.37)，(1.38)を式(1.36)に代入し，ガウスの発散定理より巻末の数学公式(A.2)を用いて，次式のように変形できる．

$$\begin{aligned}\frac{\partial W}{\partial t}&=\oint_V(\boldsymbol{E}\cdot\nabla\times\boldsymbol{H}-\boldsymbol{H}\cdot\nabla\times\boldsymbol{E}-\boldsymbol{E}\cdot\boldsymbol{j}_s)dv\\&=-\oint_V\nabla\cdot(\boldsymbol{E}\times\boldsymbol{H})dv-\oint_V\boldsymbol{E}\cdot\boldsymbol{j}_s dv\\&=-\oint_S(\boldsymbol{E}\times\boldsymbol{H})\cdot d\boldsymbol{s}-\oint_V\boldsymbol{E}\cdot\boldsymbol{j}_s dv\end{aligned} \tag{1.39}$$

最終的に，閉領域 V 内のエネルギーの変化に対して，次式が得られる．

$$-\frac{\partial}{\partial t}\oint_V\left(\frac{1}{2}\boldsymbol{E}\cdot\boldsymbol{D}+\frac{1}{2}\boldsymbol{B}\cdot\boldsymbol{H}\right)dv=\oint_S(\boldsymbol{E}\times\boldsymbol{H})\cdot d\boldsymbol{s}+\oint_V\boldsymbol{E}\cdot\boldsymbol{j}_s dv \tag{1.40}$$

ここで，左辺はエネルギーの減少を表し，右辺の第 1 項は閉曲面 S から単位時間あたりに出ていくエネルギーを表し，右辺の第 2 項は閉領域 V の中の媒質に流れる電流によるエネルギーの消費を表す．式(1.40)の右辺の第 1 項の被積分関数である次式を**ポインティングベクトル**といい，単位面積を通過する単位時間あたりのエネルギーの流れを表す．

$$\boldsymbol{S}=\boldsymbol{E}\times\boldsymbol{H} \tag{1.41}$$

1.6　電磁界の数学表現と諸定理

1.6.1　波動方程式

位置 z，時間 t の関数 $f(z,t)$ が次の形の偏微分方程式（**波動方程式**）を満足している場合を考える．

$$\frac{\partial^2}{\partial z^2}f(z,t)-\frac{1}{v^2}\frac{\partial^2}{\partial t^2}f(z,t)=0 \tag{1.42}$$

ここで，v は定数である．この波動方程式の解は次式のようになる．

$$f(z,t)=f_1(z-vt)+f_2(z+vt) \tag{1.43}$$

$f_1(z-vt)$ は速度 v で $+z$ 方向に移動する関数であり，$f_2(z+vt)$ は速度 v で $-z$ 方向に移動する関数である．

1.6.2　正弦波電磁界の複素表示

以降では，角周波数 ω の正弦波電磁界の複素表示を導入する．本書では，振幅を実効値で表し，時間 t に関する変化を $\exp(j\omega t)$ とおく．また，瞬時値は複素表示の実部とする．時間 t に関する微分は次式で与えられる乗算になる．

$$\frac{\partial}{\partial t}=j\omega \tag{1.44}$$

マクスウェルの方程式の微分形は以下のようになる．

$$\nabla\cdot\boldsymbol{D}=\rho \tag{1.6}$$

$$\nabla\cdot\boldsymbol{B}=0 \tag{1.8}$$

$$\nabla\times\boldsymbol{H}=\boldsymbol{j}_s+j\omega\boldsymbol{D} \tag{1.45}$$

$$\nabla\times\boldsymbol{E}=-j\omega\boldsymbol{B} \tag{1.46}$$

また，**複素ポインティングベクトル**は次式で与えられる．

$$\boldsymbol{S}=\boldsymbol{E}\times\boldsymbol{H}^* \tag{1.47}$$

ここで * は複素共役を表す．式(1.41)の時間平均は式(1.47)の実部で与えられる．

1.6.3　相反定理

閉領域 V 内に2つの電流 $\boldsymbol{j}_{s1}$，$\boldsymbol{j}_{s2}$ を考え，これらにより生じる電磁界をそれぞれ，$(\boldsymbol{E}_1, \boldsymbol{H}_1)$，$(\boldsymbol{E}_2, \boldsymbol{H}_2)$ とする．電流と電磁界は以下の式を満足する $(i=1, 2)$．

$$\nabla\times\boldsymbol{H}_i=\boldsymbol{j}_{si}+j\omega\varepsilon\boldsymbol{E}_i \tag{1.48}$$

$$\nabla\times\boldsymbol{E}_i=-j\omega\mu\boldsymbol{H}_i \tag{1.49}$$

この場合，式(1.45)，(1.46)にそれぞれ式(1.2)，(1.4)を代入している．

いま，次式のベクトル量を考え，ベクトル公式(A.2)を用いて各項を展開する．

$$\begin{aligned}&\nabla\cdot(\boldsymbol{E}_1\times\boldsymbol{H}_2-\boldsymbol{E}_2\times\boldsymbol{H}_1)\\&=(\boldsymbol{H}_2\cdot\nabla\times\boldsymbol{E}_1-\boldsymbol{E}_1\cdot\nabla\times\boldsymbol{H}_2)-(\boldsymbol{H}_1\cdot\nabla\times\boldsymbol{E}_2-\boldsymbol{E}_2\cdot\nabla\times\boldsymbol{H}_1)\end{aligned} \tag{1.50}$$

右辺に式(1.48)，(1.49)を代入する．

$$\nabla\cdot(\boldsymbol{E}_1\times\boldsymbol{H}_2-\boldsymbol{E}_2\times\boldsymbol{H}_1)=(-\boldsymbol{E}_1\cdot\boldsymbol{j}_{s2})-(-\boldsymbol{E}_2\cdot\boldsymbol{j}_{s1}) \tag{1.51}$$

両辺を体積分し，左辺にガウスの発散定理を適用すると，次式の**相反定理**または**可逆定理**が得られる．

$$\oint_S(\boldsymbol{E}_1\times\boldsymbol{H}_2-\boldsymbol{E}_2\times\boldsymbol{H}_1)\cdot d\boldsymbol{s}=\oint_V(-\boldsymbol{E}_1\cdot\boldsymbol{j}_{s2}+\boldsymbol{E}_2\cdot\boldsymbol{j}_{s1})\,dv \tag{1.52}$$

1.6.4 一意性定理

閉領域 V 内に電流 $\boldsymbol{j}_s$ を考え，これにより生じる2組の電磁界を$(\boldsymbol{E}_1, \boldsymbol{H}_1)$，$(\boldsymbol{E}_2, \boldsymbol{H}_2)$ を考える．電流と電磁界は次式を満足する．

$$\nabla\times\boldsymbol{H}_1=\boldsymbol{j}_s+j\omega\varepsilon\boldsymbol{E}_1+\sigma\boldsymbol{E}_1 \tag{1.53}$$

$$\nabla\times\boldsymbol{E}_1=-j\omega\mu\boldsymbol{H}_1 \tag{1.54}$$

$$\nabla\times\boldsymbol{H}_2=\boldsymbol{j}_s+j\omega\varepsilon\boldsymbol{E}_2+\sigma\boldsymbol{E}_2 \tag{1.55}$$

$$\nabla\times\boldsymbol{E}_2=-j\omega\mu\boldsymbol{H}_2 \tag{1.56}$$

ここで，閉領域 V 内の媒質の損失を考えて，導電率 σ を導入している．式(1.53)と式(1.55)および式(1.54)と式(1.56)の両辺を引くことで，これらの差の電磁界 $(\boldsymbol{E}_1-\boldsymbol{E}_2, \boldsymbol{H}_1-\boldsymbol{H}_2)$ は次式の電流がないときのマクスウェルの方程式を満足する．

$$\nabla\times(\boldsymbol{H}_1-\boldsymbol{H}_2)=j\omega\varepsilon(\boldsymbol{E}_1-\boldsymbol{E}_2)+\sigma(\boldsymbol{E}_1-\boldsymbol{E}_2) \tag{1.57}$$

$$\nabla\times(\boldsymbol{E}_1-\boldsymbol{E}_2)=-j\omega\mu(\boldsymbol{H}_1-\boldsymbol{H}_2) \tag{1.58}$$

いま，次式のベクトル量を考える．

$$\nabla\cdot\{(\boldsymbol{E}_1-\boldsymbol{E}_2)\times(\boldsymbol{H}_1-\boldsymbol{H}_2)^*\} \tag{1.59}$$

ベクトル公式(A.2)を用いて展開する．

$$=(\boldsymbol{H}_1-\boldsymbol{H}_2)^*\cdot\{\nabla\times(\boldsymbol{E}_1-\boldsymbol{E}_2)\}-(\boldsymbol{E}_1-\boldsymbol{E}_2)\cdot\{\nabla\times(\boldsymbol{H}_1-\boldsymbol{H}_2)^*\} \tag{1.60}$$

右辺に式(1.57)と式(1.58)を代入する．

$$\begin{aligned}&=(\boldsymbol{H}_1-\boldsymbol{H}_2)^*\cdot\{-j\omega\mu(\boldsymbol{H}_1-\boldsymbol{H}_2)\}\\&\quad-(\boldsymbol{E}_1-\boldsymbol{E}_2)\cdot\{-j\omega\varepsilon(\boldsymbol{E}_1-\boldsymbol{E}_2)^*+\sigma(\boldsymbol{E}_1-\boldsymbol{E}_2)^*\}\end{aligned} \tag{1.61}$$

このとき，$(j\omega\varepsilon)^*=-j\omega\varepsilon$ であることに注意する．

式(1.59)と式(1.61)を体積分し，式(1.59)についてはガウスの発散定理(B.1)を適用すると，次式が得られる．

$$\begin{aligned}&\oint_S\{(\boldsymbol{E}_1-\boldsymbol{E}_2)\times(\boldsymbol{H}_1-\boldsymbol{H}_2)^*\}\cdot\widehat{\boldsymbol{n}}ds\\&=-j\omega\oint_V\{\mu|\boldsymbol{H}_1-\boldsymbol{H}_2|^2-\varepsilon|\boldsymbol{E}_1-\boldsymbol{E}_2|^2\}dv-\sigma\oint_V|\boldsymbol{E}_1-\boldsymbol{E}_2|^2dv\end{aligned} \tag{1.62}$$

ここで，$\widehat{\boldsymbol{n}}$ は閉領域 V の境界閉曲面 S 上の外向き単位法線ベクトルである．式(1.62)の左辺の被積分関数は，ベクトル公式(A.1)から次式のようになる．

$$\begin{aligned}&\{(\boldsymbol{E}_1-\boldsymbol{E}_2)\times(\boldsymbol{H}_1-\boldsymbol{H}_2)^*\}\cdot\widehat{\boldsymbol{n}}\\&=-(\boldsymbol{E}_1-\boldsymbol{E}_2)\cdot\{\widehat{\boldsymbol{n}}\times(\boldsymbol{H}_1-\boldsymbol{H}_2)^*\}\\&=-(\boldsymbol{H}_1-\boldsymbol{H}_2)^*\cdot\{(\boldsymbol{E}_1-\boldsymbol{E}_2)\times\widehat{\boldsymbol{n}}\}\end{aligned} \tag{1.63}$$

ここで，$(\boldsymbol{E}_1-\boldsymbol{E}_2)\times\widehat{\boldsymbol{n}}=\boldsymbol{0}$ または $\widehat{\boldsymbol{n}}\times(\boldsymbol{H}_1-\boldsymbol{H}_2)=\boldsymbol{0}$ が成り立つとき，式(1.63)から式(1.62)の左辺は0になる．ベクトルの絶対値の2乗は正の実数または0であるため，式(1.62)の右辺の実数部と虚数部がともに0になるためには，閉領域 V のすべての位置で $\boldsymbol{E}_1=\boldsymbol{E}_2$ と $\boldsymbol{H}_1=\boldsymbol{H}_2$ の両方が成り立たないとならないため，次の**一意性定理**が証明される．

一意性定理とは，閉領域 V の境界閉曲面 S 上で，電界の接線成分または磁界の接線成分が満足すべき境界条件が与えられれば，閉領域 V 内の電磁界は一意に定まることである．言い換えると，2組の電磁界 $(\boldsymbol{E}_1, \boldsymbol{H}_1)$，$(\boldsymbol{E}_2, \boldsymbol{H}_2)$ が境界閉曲面 S 上で電界あるいは磁界の接線成分が互いに等しく，$(\boldsymbol{E}_1-\boldsymbol{E}_2)\times\widehat{\boldsymbol{n}}=\boldsymbol{0}$ または $\widehat{\boldsymbol{n}}\times(\boldsymbol{H}_1-\boldsymbol{H}_2)=\boldsymbol{0}$ が成り立つとき，閉領域 V 内の任意の位置でその2組の電界と磁界は一致する．すなわち，閉領域 V 内で $\boldsymbol{E}_1=\boldsymbol{E}_2$ と $\boldsymbol{H}_1=\boldsymbol{H}_2$ の両方が成り立つ．

1.6.5 等価定理

図1.18のように，空間を境界閉曲面 S で分割し，内側を領域1，外側を領域2とする．領域1にある電流 $\boldsymbol{j}_s$ により生じた電磁界を $(\boldsymbol{E}, \boldsymbol{H})$ とする．こ

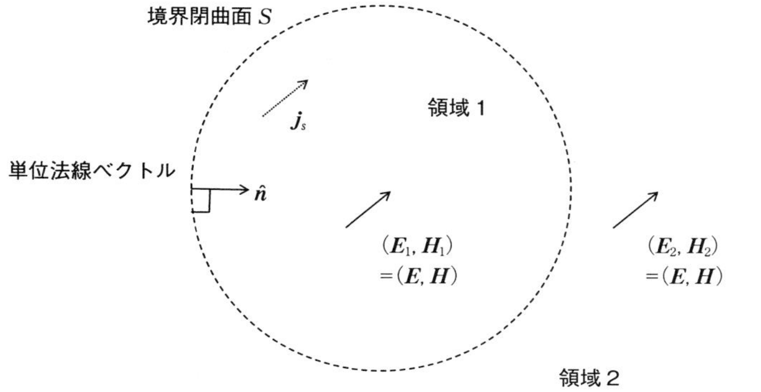

図 1.18　オリジナルモデル

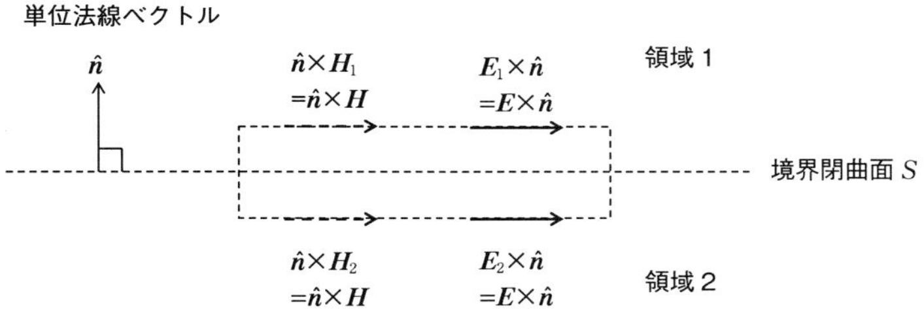

図 1.19　オリジナルモデルでの境界条件

こではオリジナルモデルとよぶ．領域 1 の電磁界 $(\boldsymbol{E}_1, \boldsymbol{H}_1)$，領域 2 の電磁界 $(\boldsymbol{E}_2, \boldsymbol{H}_2)$ とも $(\boldsymbol{E}, \boldsymbol{H})$ に一致する．オリジナルモデルでは，境界閉曲面 S 上には電流が流れていないため，次式が成り立っていることで図 1.19 に示すように境界閉曲面 S 上の境界条件を満足している．

$$\boldsymbol{E}_1\times\hat{\boldsymbol{n}}-\boldsymbol{E}_2\times\hat{\boldsymbol{n}}=\boldsymbol{E}\times\hat{\boldsymbol{n}}-\boldsymbol{E}\times\hat{\boldsymbol{n}}=\boldsymbol{0} \tag{1.64}$$

$$\hat{\boldsymbol{n}}\times\boldsymbol{H}_1-\hat{\boldsymbol{n}}\times\boldsymbol{H}_2=\hat{\boldsymbol{n}}\times\boldsymbol{H}-\hat{\boldsymbol{n}}\times\boldsymbol{H}=\boldsymbol{0} \tag{1.65}$$

ここで，$\hat{\boldsymbol{n}}$ は境界閉曲面 S の単位法線ベクトルであり，その向きは領域 1 側へとる．

図 1.20 のように図 1.18 のオリジナルモデルとは異なるモデルを考える．図 1.20 において，境界閉曲面 S 上で，次式で与えられるベクトル量を導入し，さらに $\boldsymbol{E}_2\times\hat{\boldsymbol{n}}=\boldsymbol{0}$，$\hat{\boldsymbol{n}}\times\boldsymbol{H}_2=\boldsymbol{0}$ とする．

$$\boldsymbol{m}_{le}=\boldsymbol{E}\times\hat{\boldsymbol{n}} \tag{1.66}$$

$$\boldsymbol{j}_{le}=\hat{\boldsymbol{n}}\times\boldsymbol{H} \tag{1.67}$$

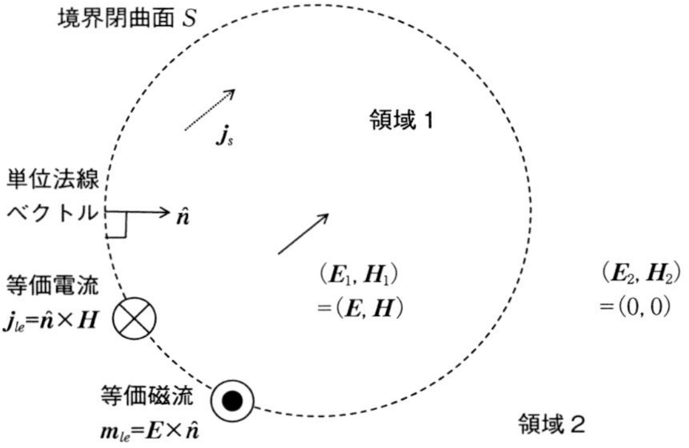

図 1.20　領域 1 の等価モデルの一例

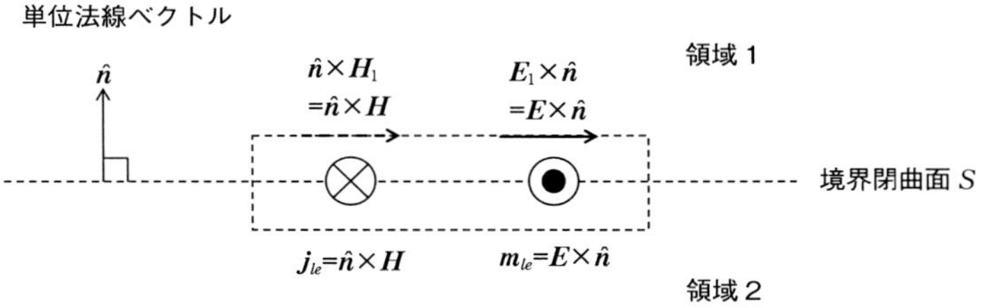

図 1.21　領域 1 の等価モデルでの境界条件

これらにより，次式が成り立っていることで図 1.21 に示すように境界閉曲面 S 上の境界条件を満足している．

$$\boldsymbol{E}_1\times\hat{\boldsymbol{n}}-\boldsymbol{0}=\boldsymbol{E}\times\hat{\boldsymbol{n}}=\boldsymbol{m}_{le} \tag{1.68}$$

$$\hat{\boldsymbol{n}}\times\boldsymbol{H}_1-\boldsymbol{0}=\hat{\boldsymbol{n}}\times\boldsymbol{H}=\boldsymbol{j}_{le} \tag{1.69}$$

式(1.64)と式(1.68)において，境界閉曲面 S 上での領域 1 の電界の接線成分はいずれも $\boldsymbol{E}_1\times\hat{\boldsymbol{n}}$ であり，式(1.65)と式(1.69)において，境界閉曲面 S 上での領域 1 の磁界の接線成分はいずれも $\hat{\boldsymbol{n}}\times\boldsymbol{H}_1$ である．1.6.4 で示した一意性定理から，図 1.20 での領域 1 の電磁界は，図 1.18 のオリジナルモデルでの領域 1 の電磁界と同じになる．これを**等価定理**という．図 1.20 は領域 1 の等価モデルの一例となる．式(1.67)で与えられる $\boldsymbol{j}_{le}$ は**等価電流**といい，式(1.66)で与えられる $\boldsymbol{m}_{le}$ は**等価磁流**という．式(1.66)と式(1.67)で $\hat{\boldsymbol{n}}$ の外積のとり方が違うのは，等価電流ではその流れる方向に対して磁界が右回りになるのに対して，等価磁流ではその流れる方向に対して電界が左回りになるようにする，すなわち磁束密度の時間的変化において磁束密度の方向に対して電界が左回りになることにあわせているからである．領域1の等価モデルにおいて，領域2には電流がなく，境界閉曲面S上で$\boldsymbol{E}_2\times\hat{\boldsymbol{n}}=\boldsymbol{0}$，$\hat{\boldsymbol{n}}\times\boldsymbol{H}_2=\boldsymbol{0}$であるため，領域2の電磁界は任意の場所で$(\boldsymbol{E}_2, \boldsymbol{H}_2)=(\boldsymbol{0}, \boldsymbol{0})$となる．

◇参 考 文 献◇

[1] 後藤尚久（1999）：ポイント電磁気学，朝倉書店．

◇演 習 問 題◇

1.1 式(1.11)を導出せよ．

1.2 式(1.15)，(1.16)から1.3.3に記載の(a)～(c)を導出せよ．

1.3 式(1.43)が式(1.42)の解となることを示せ．

1.4 式(1.41)の時間平均は式(1.47)の実部で与えられることを示せ．

1.5 1.6.5の等価定理において，領域2の等価モデルの一例を示せ．

2 平面波

本章では，発生した電磁波（平面波）の伝搬を扱う．この場合には，波源を考慮せずにマクスウェルの方程式を解く．これは微分方程式において，斉次方程式または同次方程式を解くことに相当する．まず振幅が等しい２つの平面波が互いに反対の方向から入射する場合と斜めに交差する場合を扱う．次に，２つの媒質が境界面で接している場合に平面波が入射して反射，透過する現象を解析する．最後に，導体平面への平面波の入射を説明する．

2.1　z 方向に伝搬する平面波

波源を考慮しない場合，$\boldsymbol{j}_s=\boldsymbol{0}$，$\rho=0$ となる．また，誘電率の関係式(1.2) $\boldsymbol{D}=\varepsilon\boldsymbol{E}$，透磁率の関係式(1.4) $\boldsymbol{B}=\mu\boldsymbol{H}$，また，媒質は無損失とし，$\sigma$ を含む項を考慮しない．これらをマクスウェルの方程式(1.6)，(1.8)，(1.10)，(1.14)に代入して整理すると次式のようになる．

$$\nabla\cdot\boldsymbol{E}=0 \tag{2.1}$$

$$\nabla\cdot\boldsymbol{H}=0 \tag{2.2}$$

$$\nabla\times\boldsymbol{H}=\varepsilon\frac{\partial\boldsymbol{E}}{\partial t} \tag{2.3}$$

$$\nabla\times\boldsymbol{E}=-\mu\frac{\partial\boldsymbol{H}}{\partial t} \tag{2.4}$$

本節では，これらのマクスウェルの方程式(2.1)～(2.4)の解の構造を分かりやすく理解するため，直交座標系において z 方向に伝搬する平面波として解く．すなわち，電磁界は z 方向だけの変化を考え，x，y 方向には変化を考えないとして次式を与える．

$$\frac{\partial}{\partial x}=\frac{\partial}{\partial y}=0 \tag{2.5}$$

式(2.1)～(2.4)に式(2.5)を適用すると２組の連立偏微分方程式が独立に得られる．１つ目の組は次の２式である．

$$\frac{\partial}{\partial z}E_x=-\mu\frac{\partial}{\partial t}H_y \tag{2.6}$$

$$\frac{\partial}{\partial z}H_y=-\varepsilon\frac{\partial}{\partial t}E_x \tag{2.7}$$

もう1つの組は次の2式である．

$$\frac{\partial}{\partial z}E_y=-\mu\frac{\partial}{\partial t}(-H_x) \tag{2.8}$$

$$\frac{\partial}{\partial z}(-H_x)=-\varepsilon\frac{\partial}{\partial t}E_y \tag{2.9}$$

また，次式が得られる．

$$E_z=H_z=0 \tag{2.10}$$

式(2.6)と式(2.7)の (E_x, H_y) と，式(2.8)と式(2.9)の $(E_y, -H_x)$ が対応している．また，式(2.10)から横波であることが分かる．

式(2.6)と式(2.7)の組で H_y を消去すると，次式の2階偏微分方程式が得られる．

$$\frac{\partial^2}{\partial z^2}E_x-\varepsilon\mu\frac{\partial^2}{\partial t^2}E_x=0 \tag{2.11}$$

この式(2.11)は，式(1.42)と同様の波動方程式の形をしている．式(2.11)に，角周波数 ω の正弦波電磁界の複素表示を導入し式(1.44)を代入すると，次式が得られる．

$$\frac{d^2}{dz^2}E_x+\omega^2\varepsilon\mu E_x=0 \tag{2.12}$$

2階斉次微分方程式(2.12)の一般解は次式で与えられる．

$$E_x=E_{x1}\exp(-jkz)+E_{x2}\exp(jkz) \tag{2.13}$$

ここで，E_{x1}，E_{x2} は定数である．式(1.43)より第1項は $+z$ 方向に速度 $1/\sqrt{\varepsilon\mu}$ で伝搬する平面波を表し，第2項は $-z$ 方向に速度 $1/\sqrt{\varepsilon\mu}$ で伝搬する平面波を表す．このように伝搬している波を**進行波**という．式(2.13)において k は**波数**といい，次式で与えられる．

$$k=\omega\sqrt{\varepsilon\mu}=\frac{2\pi}{\lambda} \tag{2.14}$$

この式(2.14)の最右辺の λ は**波長**である．

式(2.13)を式(2.6)，(2.7)のいずれかに代入すると，H_y が次式で表される．

$$H_y=\frac{E_{x1}}{Z}\exp(-jkz)-\frac{E_{x2}}{Z}\exp(jkz) \tag{2.15}$$

ここで，Z は式(1.18)の波動インピーダンスである．第2項の符号が負になっ

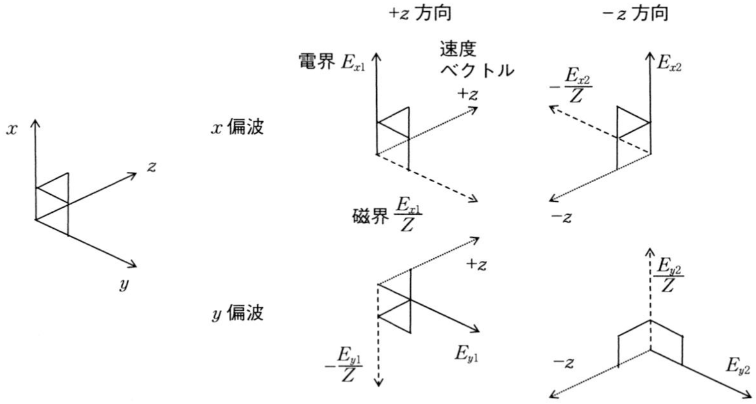

図 2.1　4 つの平面波の電界，磁界，速度ベクトルの関係

ていることに注意する．

式(2.8)と式(2.9)の組も同様に解くと，次式のようになる．

$$E_y = E_{y1}\exp(-jkz) + E_{y2}\exp(jkz) \tag{2.16}$$

$$H_x = -\frac{E_{y1}}{Z}\exp(-jkz) + \frac{E_{y2}}{Z}\exp(jkz) \tag{2.17}$$

ここで，E_{y1}，E_{y2} は定数である．式(2.17)の第 1 項の符号が負になっていることに注意する．

式(2.6)と式(2.7)の組，式(2.8)と式(2.9)の組は独立に導かれ，それぞれの一般解は 2 階偏微分方程式の 2 つの基本解の和として表される．角周波数 ω において，式(2.6)と式(2.7)の組と式(2.8)と式(2.9)の組で表される平面波は独立であり，さらにそれぞれ $+z$ 方向と $-z$ 方向に伝搬する平面波は独立である．図 2.1 に 4 つの平面波の電界，磁界，速度ベクトルをまとめる．それぞれの平面波が図 1.14 の電界，磁界，速度ベクトルの関係を満たしており，式(2.13)，(2.15)，(2.16)，(2.17)の正負の符号が電磁界の向きに対応していることが分かる．

2.2　偏　　波

式(2.6)と式(2.7)の組では電界は x 成分だけ，磁界は y 成分だけを持ち，式(2.8)と式(2.9)の組では電界は y 成分だけ，磁界は x 成分だけを持っている．電界と磁界が特定の方向に向いており，これを**偏波**という．電磁波では電界の向きで定義する．式(2.6)と式(2.7)の組を満たす平面波は x 偏波といい，式(2.8)と式(2.9)の組を満たす平面波は y 偏波ということになる．偏波単位ベクトル $\hat{\boldsymbol{p}}$ は，x 偏波では $\hat{\boldsymbol{p}}=\hat{\boldsymbol{x}}$，$y$ 偏波では $\hat{\boldsymbol{p}}=\hat{\boldsymbol{y}}$ となる．偏波が定常的に1方向である平面波を**直線偏波**という．地平面に対して偏波が平行な場合には**水平偏波**，垂直な場合には**垂直偏波**という．

直交する2つの直線偏波が同相の場合，その和も直線偏波になる．位相差がある場合には，一般に偏波がだ円状に回転するだ円偏波になる．特別な場合として，直交する2つの直線偏波の振幅が等しく，位相差が $\pm\pi/2$ の場合，偏波が真円状に回転する**円偏波**になる．伝搬方向へ向かってみた場合に，偏波単位ベクトル $\hat{\boldsymbol{p}}$ が図2.2のように右に回るのが**右旋円偏波**であり，図2.3のように左に回るのが**左旋円偏波**である．伝搬方向が $+z$ の場合，右旋円偏波，左旋円偏波を表す偏波単位ベクトルはそれぞれ次式で与えられる．

$$\hat{\boldsymbol{p}}_R=\frac{1}{\sqrt{2}}(\hat{\boldsymbol{x}}-j\hat{\boldsymbol{y}}) \tag{2.18}$$

$$\hat{\boldsymbol{p}}_L=\frac{1}{\sqrt{2}}(\hat{\boldsymbol{x}}+j\hat{\boldsymbol{y}}) \tag{2.19}$$

一般に，偏波はだ円状に回転し，直線偏波や円偏波は特別な場合である．だ

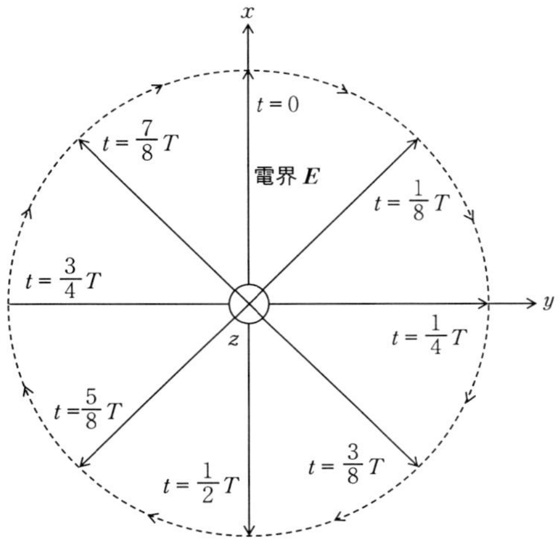

図2.2　右旋円偏波

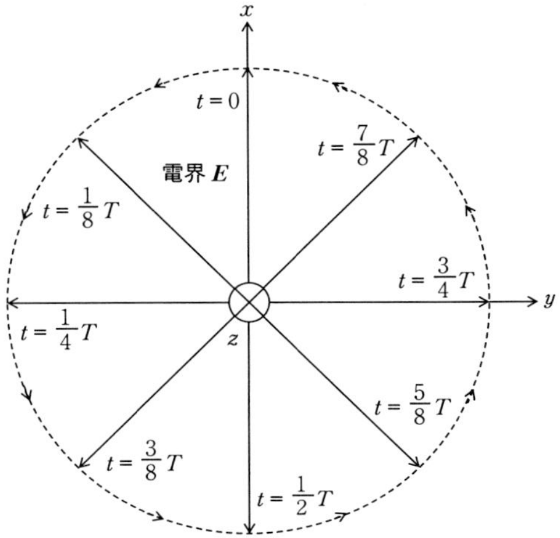

図 2.3　左旋円偏波

円偏波の電界の振幅の最大値の最小値に対する比を**軸比**といい，次式で与えられる．

$$r=\pm\frac{|\boldsymbol{E}|_{\max}}{|\boldsymbol{E}|_{\min}}=\frac{|\boldsymbol{E}_L|+|\boldsymbol{E}_R|}{|\boldsymbol{E}_L|-|\boldsymbol{E}_R|} \tag{2.20}$$

円偏波では $r=\pm1$，直線偏波では $r=\pm\infty$ となる．

一般の偏波は，直交する 2 つの直線偏波の和として表されるが，右旋円偏波と左旋円偏波の和としても表される．これらの電界の振幅をそれぞれ $|\boldsymbol{E}_R|$，$|\boldsymbol{E}_L|$ とすると，軸比は式(2.20)の最右辺のように定義される．$|\boldsymbol{E}_L|>|\boldsymbol{E}_R|$ の場合は $r>1$ となり左旋のだ円偏波になり，$|\boldsymbol{E}_L|<|\boldsymbol{E}_R|$ の場合は $r<-1$ となり右旋のだ円偏波になる．

2.3　電磁界の波動方程式の一般解

2.3.1　ベクトルヘルムホルツ方程式

本節では，波源を考慮しない場合のマクスウェルの方程式(2.1)～(2.4)を任意の方向に伝搬する平面波として解く．

式(2.4)の両辺で回転をとり，式(2.3)を代入すると次式が得られる．

$$\nabla\times\nabla\times\boldsymbol{E}=-\mu\frac{\partial}{\partial t}(\nabla\times\boldsymbol{H})=-\varepsilon\mu\frac{\partial^2}{\partial t^2}\boldsymbol{E} \tag{2.21}$$

式(2.21)の左辺にベクトル公式(A.3)を代入し，さらに式(2.1)を代入すると，次の電磁界の波動方程式が得られる．

$$\nabla^2\boldsymbol{E}-\varepsilon\mu\frac{\partial^2}{\partial t^2}\boldsymbol{E}=\boldsymbol{0} \tag{2.22}$$

式(2.22)の基本解が表す波は速度 $1/\sqrt{\varepsilon\mu}$ で伝搬する．磁界 $\boldsymbol{H}$ についても同様な方程式が得られる．

式(2.22)に角周波数 ω の正弦波電磁界の複素表示を導入し式(1.44)を代入すると，次の**ベクトルヘルムホルツ方程式**が得られる．

$$\nabla^2\boldsymbol{E}+k^2\boldsymbol{E}=\boldsymbol{0} \tag{2.23}$$

2.3.2 波数ベクトル

式(2.23)を直角座標系で表すと，各成分について次の 3 式が得られる．

$$\frac{\partial^2 E_x}{\partial x^2}+\frac{\partial^2 E_x}{\partial y^2}+\frac{\partial^2 E_x}{\partial z^2}=-k^2E_x \tag{2.24}$$

$$\frac{\partial^2 E_y}{\partial x^2}+\frac{\partial^2 E_y}{\partial y^2}+\frac{\partial^2 E_y}{\partial z^2}=-k^2E_y \tag{2.25}$$

$$\frac{\partial^2 E_z}{\partial x^2}+\frac{\partial^2 E_z}{\partial y^2}+\frac{\partial^2 E_z}{\partial z^2}=-k^2E_z \tag{2.26}$$

式(2.24)の偏微分方程式を変数分離法で解く．x 成分 $E_x=XYZ$ とおいて式(2.24)に代入して整理すると次式が得られる．ここで，X，Y，Z はそれぞれ x，y，z だけの関数とする．

$$\frac{1}{X}\frac{d^2X}{dx^2}+\frac{1}{Y}\frac{d^2Y}{dy^2}+\frac{1}{Z}\frac{d^2Z}{dz^2}=-k^2 \tag{2.27}$$

左辺の各項はそれぞれ x，y，z の関数であり，右辺は定数である．式(2.27)が任意の x，y，z で成り立つためには，左辺の各項が x，y，z によらず定数でなくてはならない．そこで，左辺の各項のそれぞれを $-k_x^2$，$-k_y^2$，$-k_z^2$ とおくと，次式が得られる．

$$\frac{1}{X}\frac{d^2X}{dx^2}=-k_x^2 \tag{2.28}$$

$$\frac{1}{Y}\frac{d^2Y}{dy^2}=-k_y^2 \tag{2.29}$$

$$\frac{1}{Z}\frac{d^2Z}{dz^2}=-k_z^2 \tag{2.30}$$

$$k_x^2+k_y^2+k_z^2=k^2 \tag{2.31}$$

2 階斉次微分方程式(2.28)～(2.30)の一般解は次式で与えられる.

$$X=X_1\exp(-jk_xx)+X_2\exp(jk_xx) \tag{2.32}$$

$$Y=Y_1\exp(-jk_yy)+Y_2\exp(jk_yy) \tag{2.33}$$

$$Z=Z_1\exp(-jk_zz)+Z_2\exp(jk_zz) \tag{2.34}$$

ここで，X_1，X_2，Y_1，Y_2，Z_1，Z_2 は定数である．式(2.32)において，第 2 項の $\exp(jk_xx)$ は第 1 項の $\exp(-jk_xx)$ の k_x を $-k_x$ で置き換えることで表せる．式(2.33)，(2.34)についても同様である．式(2.32)～(2.34)のそれぞれ第 1 項だけを用いて E_x を求めると次式のようになる．

$$\begin{aligned}E_x&=XYZ=X_1\exp(-jk_xx)Y_1\exp(-jk_yy)Z_1\exp(-jk_zz)\\&=X_1Y_1Z_1\exp\{-j(k_xx+k_yy+k_zz)\}=E_{x1}\exp(-j\boldsymbol{k}\cdot\boldsymbol{r})\end{aligned} \tag{2.35}$$

ここで，$E_{x1}(=X_1Y_1Z_1)$ は定数であり，$\boldsymbol{r}(=x\hat{\boldsymbol{x}}+y\hat{\boldsymbol{y}}+z\hat{\boldsymbol{z}})$ は位置ベクトルである．$\boldsymbol{k}$ は**波数ベクトル**といい，次式で与えられる．

$$\boldsymbol{k}=k_x\hat{\boldsymbol{x}}+k_y\hat{\boldsymbol{y}}+k_z\hat{\boldsymbol{z}} \tag{2.36}$$

式(2.35)における $-\boldsymbol{k}\cdot\boldsymbol{r}$ は位相であり，負の符号は伝搬に伴う位相の遅れを表している．図 2.4 に示すように 2 つの位置 $\boldsymbol{r}_1$，$\boldsymbol{r}_2$ で等位相とすると，$\boldsymbol{k}\cdot(\boldsymbol{r}_1-\boldsymbol{r}_2)=0$ となるので，等位相面は波数ベクトル $\boldsymbol{k}$ に垂直になる．すなわち，等位相面は波数ベクトル $\boldsymbol{k}$ を法線ベクトルとする平面になる．波数ベクトル $\boldsymbol{k}$ は平面波の伝搬方向を表し，その向きは図 1.14 の速度ベクトル $\boldsymbol{v}$ と同じである．

y 成分 E_y，z 成分 E_z についても x 成分 E_x と同様に次式のように表される．

$$E_y=E_{y1}\exp(-j\boldsymbol{k}\cdot\boldsymbol{r}) \tag{2.37}$$

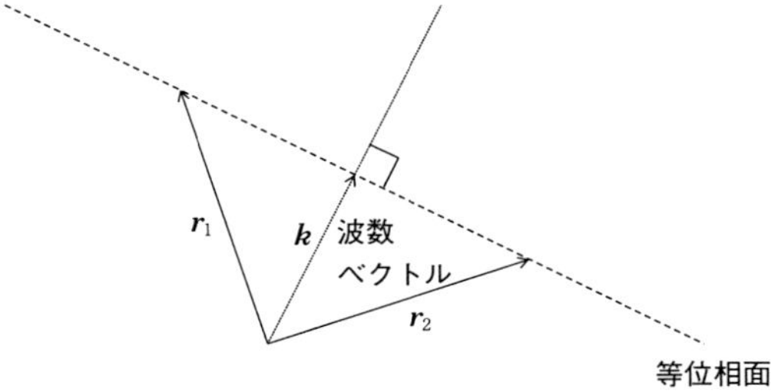

図 2.4　波数ベクトルと等位相面の関係

$$E_z = E_{z1}\exp(-j\boldsymbol{k}\cdot\boldsymbol{r}) \tag{2.38}$$

ここで，E_{y1}，E_{z1} は定数である．

2.3.3　電磁界と波数ベクトルの関係

式(2.35)，(2.37)，(2.38)を式(2.1)の左辺に代入する．

$$\nabla\cdot\boldsymbol{E} = E_{x1}\frac{\partial}{\partial x}\{\exp(-j\boldsymbol{k}\cdot\boldsymbol{r})\} + E_{y1}\frac{\partial}{\partial y}\{\exp(-j\boldsymbol{k}\cdot\boldsymbol{r})\} + E_{z1}\frac{\partial}{\partial z}\{\exp(-j\boldsymbol{k}\cdot\boldsymbol{r})\} \tag{2.39}$$

すると，右辺の第 1 項は次のようになる．

$$\begin{aligned} E_{x1}\frac{\partial}{\partial x}\{\exp(-j\boldsymbol{k}\cdot\boldsymbol{r})\} &= E_{x1}\frac{\partial}{\partial x}[\exp\{-j(k_x x + k_y y + k_z z)\}] \\ &= -jk_x E_{x1}\exp(-j\boldsymbol{k}\cdot\boldsymbol{r}) \end{aligned} \tag{2.40}$$

また，第 2 項，第 3 項も同様に次のようになる．

$$E_{y1}\frac{\partial}{\partial y}\{\exp(-j\boldsymbol{k}\cdot\boldsymbol{r})\} = -jk_y E_{y1}\exp(-j\boldsymbol{k}\cdot\boldsymbol{r}) \tag{2.41}$$

$$E_{z1}\frac{\partial}{\partial z}\{\exp(-j\boldsymbol{k}\cdot\boldsymbol{r})\} = -jk_z E_{z1}\exp(-j\boldsymbol{k}\cdot\boldsymbol{r}) \tag{2.42}$$

これらを式(2.39)の右辺に代入すると次のようになる．

$$\begin{aligned} &-jk_x E_{x1}\exp(-j\boldsymbol{k}\cdot\boldsymbol{r}) - jk_y E_{y1}\exp(-j\boldsymbol{k}\cdot\boldsymbol{r}) - jk_z E_{z1}\exp(-j\boldsymbol{k}\cdot\boldsymbol{r}) \\ &= -j(k_x E_{x1} + k_y E_{y1} + k_z E_{z1})\exp(-j\boldsymbol{k}\cdot\boldsymbol{r}) \\ &= -j(\boldsymbol{k}\cdot\boldsymbol{E}_1)\exp(-j\boldsymbol{k}\cdot\boldsymbol{r}) = 0 \end{aligned} \tag{2.43}$$

ここで，$\boldsymbol{E}_1 = E_{x1}\hat{\boldsymbol{x}} + E_{y1}\hat{\boldsymbol{y}} + E_{z1}\hat{\boldsymbol{z}}$ とおくと，次式が成り立っている．

$$\boldsymbol{k}\cdot\boldsymbol{E}_1 = 0 \tag{2.44}$$

すなわち，波数ベクトル $\boldsymbol{k}$ と電界 $\boldsymbol{E}_1$ は直交している．

同様に，波数ベクトル $\boldsymbol{k}$ と磁界についても式(2.2)より次式が得られる．

$$\boldsymbol{k}\cdot\boldsymbol{H}_1 = 0 \tag{2.45}$$

ここで，$\boldsymbol{H}_1$ は定ベクトルで次式を満たしている．

$$\boldsymbol{H} = \boldsymbol{H}_1\exp(-j\boldsymbol{k}\cdot\boldsymbol{r}) \tag{2.46}$$

式(2.4)に角周波数 ω の正弦波電磁界の複素表示を導入し，式(1.44)を代入すると次の式が得られる．

$$\nabla\times\boldsymbol{E} = -j\omega\mu\boldsymbol{H} \tag{2.47}$$

左辺に式(2.35)，(2.37)，(2.38)を代入して整理すると次式のようになる．

$$\nabla\times\boldsymbol{E} = \{-jk_y E_{z1}\exp(-j\boldsymbol{k}\cdot\boldsymbol{r}) + jk_z E_{y1}\exp(-j\boldsymbol{k}\cdot\boldsymbol{r})\}\hat{\boldsymbol{x}}$$

$$
\begin{aligned}
&+\{-jk_zE_{x1}\exp(-j\boldsymbol{k}\cdot\boldsymbol{r})+jk_xE_{z1}\exp(-j\boldsymbol{k}\cdot\boldsymbol{r})\}\hat{\boldsymbol{y}}\\
&+\{-jk_xE_{y1}\exp(-j\boldsymbol{k}\cdot\boldsymbol{r})+jk_yE_{x1}\exp(-j\boldsymbol{k}\cdot\boldsymbol{r})\}\hat{\boldsymbol{z}}\\
=&-j(k_yE_{z1}-k_zE_{y1})\hat{\boldsymbol{x}}\exp(-j\boldsymbol{k}\cdot\boldsymbol{r})\\
&-j(k_zE_{x1}-k_xE_{z1})\hat{\boldsymbol{y}}\exp(-j\boldsymbol{k}\cdot\boldsymbol{r})\\
&-j(k_xE_{y1}-k_yE_{x1})\hat{\boldsymbol{z}}\exp(-j\boldsymbol{k}\cdot\boldsymbol{r})\\
=&-j(\boldsymbol{k}\times\boldsymbol{E}_1)\exp(-j\boldsymbol{k}\cdot\boldsymbol{r})
\end{aligned}
\tag{2.48}
$$

式(2.47)の右辺には式(2.46)を代入する．最終的に次式が得られる．

$$
\boldsymbol{k}\times\boldsymbol{E}_1=\omega\mu\boldsymbol{H}_1 \tag{2.49}
$$

式(2.44)，(2.45)，(2.49)より，電界 $\boldsymbol{E}_1$，磁界 $\boldsymbol{H}_1$，波数ベクトル $\boldsymbol{k}$ の関係は図 1.14 のようになり，また，電界の磁界に対する振幅の比は式(1.18)で与えられる．波数ベクトル $\boldsymbol{k}$ の方向は，電界と磁界のそれぞれに対して垂直である．また，電界 $\boldsymbol{E}$ から磁界 $\boldsymbol{H}$ へ右ねじを回したときに進む方向が波数ベクトル $\boldsymbol{k}$ の方向である．

2.4 定　在　波

2.4.1 振幅が等しい 2 つの平面波が互いに反対の方向から入射する場合

図 2.5 に示すように，振幅が等しい x 偏波の 2 つの平面波が互いに反対の方向から入射する場合を考える．入射波 1 は $+z$ 方向に伝搬し，入射波 2 は

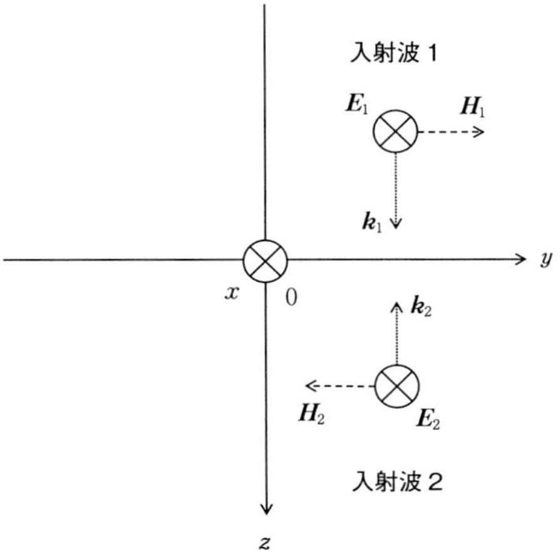

図 2.5 振幅が等しい 2 つの平面波が互いに反対の方向から入射する場合

$-z$ 方向に伝搬する．入射波 1，入射波 2 の波数ベクトルの向きはそれぞれ $+z$ 方向，$-z$ 方向となり，その大きさは両方とも k である．入射波 1，入射波 2 の電界の向きはすべて $+x$ 方向とし，その振幅は両方とも A とする．電界と波数ベクトルの向きが決まったので，図 1.14 の電界，磁界，波数ベクトルの関係から磁界の向きが決まる．すなわち，入射波 1，入射波 2 の磁界の向きはそれぞれ $+y$ 方向，$-y$ 方向となる．また，その振幅は両方とも A/Z である．ここで，$Z=\sqrt{\mu/\varepsilon}$ である．入射波 1，入射波 2 のそれぞれの電界と磁界は，次式で表される．

$$\boldsymbol{E}_1=A\hat{\boldsymbol{x}}\exp(-jkz) \tag{2.50}$$

$$\boldsymbol{H}_1=\frac{A}{Z}\hat{\boldsymbol{y}}\exp(-jkz) \tag{2.51}$$

$$\boldsymbol{E}_2=A\hat{\boldsymbol{x}}\exp(jkz) \tag{2.52}$$

$$\boldsymbol{H}_2=-\frac{A}{Z}\hat{\boldsymbol{y}}\exp(jkz) \tag{2.53}$$

入射波 1 と入射波 2 の重ね合わせた合成波の電界と磁界は，次式で表される．

$$\boldsymbol{E}=\boldsymbol{E}_1+\boldsymbol{E}_2=A\hat{\boldsymbol{x}}\exp(-jkz)+A\hat{\boldsymbol{x}}\exp(jkz)=2A\hat{\boldsymbol{x}}\cos(kz) \tag{2.54}$$

$$\boldsymbol{H}=\boldsymbol{H}_1+\boldsymbol{H}_2=\frac{A}{Z}\hat{\boldsymbol{y}}\exp(-jkz)-\frac{A}{Z}\hat{\boldsymbol{y}}\exp(jkz)=-\frac{2jA}{Z}\hat{\boldsymbol{y}}\sin(kz) \tag{2.55}$$

式(2.54)，(2.55)において，時間変化 $\exp(j\omega t)$ をかけた関数は，式(1.43)のように速度 v の移動を表す $z-vt$，$z+vt$ を引数にとらない．波の振幅は位置 z によらず同じ $\exp(j\omega t)$ の時間変化をする．このようには伝搬せずに振幅が時間変化している波を**定在波**という．図 2.6 に電界分布を示す．定在波の分布で常に振幅が 0 である位置を**節**といい，振幅が最大となる位置を**腹**という．電界分布の腹と節の位置は，それぞれ $\cos(kz)=\pm1$ と $\cos(kz)=0$ となる，それぞれ $z=n\pi/k=(n/2)\lambda$ と $z=\dfrac{(n+1/2)\pi}{k}=\left(\dfrac{n}{2}+\dfrac{1}{4}\right)\lambda$ であり，腹と節の間隔は $\lambda/4$ である．ここで，n は整数である．一方，磁界分布の腹と節の位置は，それぞれ $\sin(kz)=\pm1$ と $\sin(kz)=0$ となる，それぞれ $z=\dfrac{(n+1/2)\pi}{k}=\left(\dfrac{n}{2}+\dfrac{1}{4}\right)\lambda$ とで $z=n\pi/k=(n/2)\lambda$ ある．電界分布と磁界分布の腹と節の位置は

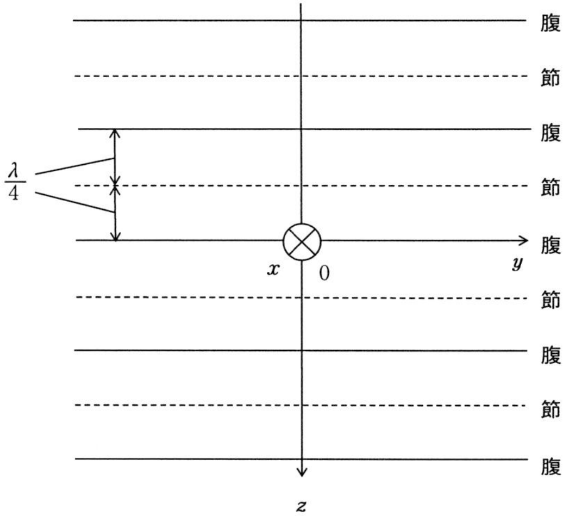

図 2.6　振幅が等しい 2 つの平面波が互いに反対の方向から入射する場合の電界分布

互いに $\lambda/4$ だけずれており，電界分布の腹の位置で磁界分布は節であり，電界分布の節の位置で磁界分布は腹になっている．また，式(2.55)には $-j$ があり，式(2.54)には j がない．このことは磁界は電界より位相が $\pi/2$ だけ遅れていることを表している．電界の振幅が最大のとき磁界の振幅は 0 であり，磁界の振幅が最大のとき電界の振幅は 0 である．

2.4.2　振幅が等しい 2 つの平面波が斜めに交差して入射する場合

図 2.7 に示すように，振幅が等しい x 偏波の 2 つの平面波が斜めに交差して入射する場合を考える．入射波 1 は $-z$ 軸から角度 θ の方向から入射し，入射波 2 は $+z$ 軸から角度 θ の方向から入射する．θ は，$0 \leq \theta \leq \pi/2$ である．入射波 1，入射波 2 の波数ベクトルは，それぞれ次式で与えられる．

$$\boldsymbol{k}_1 = k(\hat{\boldsymbol{y}} \sin\theta + \hat{\boldsymbol{z}} \cos\theta) \tag{2.56}$$

$$\boldsymbol{k}_2 = k(\hat{\boldsymbol{y}} \sin\theta - \hat{\boldsymbol{z}} \cos\theta) \tag{2.57}$$

入射波 1，入射波 2 の電界の向きはすべて $+x$ 方向とし，その振幅は両方とも A とする．電界と波数ベクトルの向きが決まったので，図 1.14 の電界，磁界，波数ベクトルの関係から磁界の向きが決まる．入射波 1，入射波 2 の磁界の単位ベクトルの向きは図 2.7 から次式で与えられ，その振幅は両方とも A/Z である．

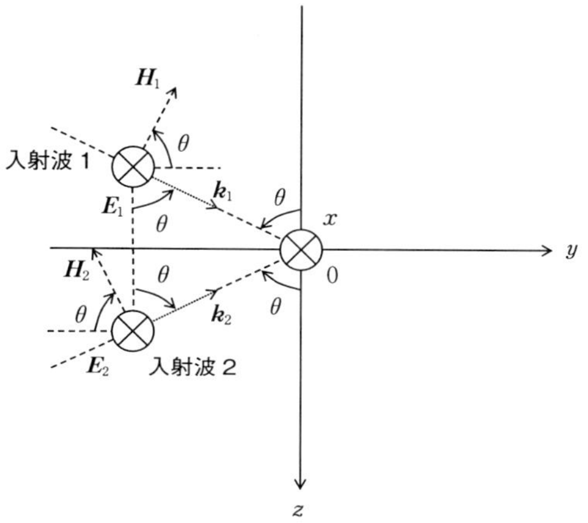

図 2.7　振幅が等しい２つの平面波が斜めで交差して入射する場合

$$\widehat{\boldsymbol{h}}_1 = \widehat{\boldsymbol{y}}\cos\theta - \widehat{\boldsymbol{z}}\sin\theta \tag{2.58}$$

$$\widehat{\boldsymbol{h}}_2 = -\widehat{\boldsymbol{y}}\cos\theta - \widehat{\boldsymbol{z}}\sin\theta \tag{2.59}$$

入射波 1，入射波 2 のそれぞれの電界と磁界は，次式で表される．

$$\boldsymbol{E}_1 = A\widehat{\boldsymbol{x}}\exp\{-jk(y\sin\theta + z\cos\theta)\} \tag{2.60}$$

$$\boldsymbol{H}_1 = \frac{A}{Z}(\widehat{\boldsymbol{y}}\cos\theta - \widehat{\boldsymbol{z}}\sin\theta)\exp\{-jk(y\sin\theta + z\cos\theta)\} \tag{2.61}$$

$$\boldsymbol{E}_2 = A\widehat{\boldsymbol{x}}\exp\{-jk(y\sin\theta - z\cos\theta)\} \tag{2.62}$$

$$\boldsymbol{H}_2 = \frac{A}{Z}(-\widehat{\boldsymbol{y}}\cos\theta - \widehat{\boldsymbol{z}}\sin\theta)\exp\{-jk(y\sin\theta - z\cos\theta)\} \tag{2.63}$$

入射波 1 と入射波 2 の重ね合わせた合成波の電界と磁界は，次式で表される．

$$\begin{aligned}
\boldsymbol{E} &= \boldsymbol{E}_1 + \boldsymbol{E}_2 \\
&= A\widehat{\boldsymbol{x}}\exp\{-jk(y\sin\theta + z\cos\theta)\} + A\widehat{\boldsymbol{x}}\exp\{-jk(y\sin\theta - z\cos\theta)\} \\
&= A\widehat{\boldsymbol{x}}\exp(-jky\sin\theta)\{\exp(-jkz\cos\theta) + \exp(jkz\cos\theta)\} \\
&= 2A\widehat{\boldsymbol{x}}\exp(-jky\sin\theta)\cos(kz\cos\theta)
\end{aligned} \tag{2.64}$$

$$\begin{aligned}
\boldsymbol{H} &= \boldsymbol{H}_1 + \boldsymbol{H}_2 \\
&= \frac{A}{Z}(\widehat{\boldsymbol{y}}\cos\theta - \widehat{\boldsymbol{z}}\sin\theta)\exp\{-jk(y\sin\theta + z\cos\theta)\} \\
&\quad + \frac{A}{Z}(-\widehat{\boldsymbol{y}}\cos\theta - \widehat{\boldsymbol{z}}\sin\theta)\exp\{-jk(y\sin\theta - z\cos\theta)\}
\end{aligned}$$

$$=\frac{A}{Z}\hat{\boldsymbol{y}}\cos\theta\exp(-jky\sin\theta)\{\exp(-jkz\cos\theta)-\exp(jkz\cos\theta)\}$$
$$-\frac{A}{Z}\hat{\boldsymbol{z}}\sin\theta\exp(-jky\sin\theta)\{\exp(-jkz\cos\theta)+\exp(jkz\cos\theta)\}$$
$$=-2\frac{A}{Z}\exp(-jky\sin\theta)\{j\hat{\boldsymbol{y}}\cos\theta\sin(kz\cos\theta)+\hat{\boldsymbol{z}}\sin\theta\cos(kz\cos\theta)\} \tag{2.65}$$

式(2.64)，(2.65)のそれぞれは y の関数と z の関数の積になっている．y の関数に時間変化 $\exp(j\omega t)$ をかけた関数は式(1.43)のように速度 v の移動を表す $y-vt$ の関数になっており，$+y$ 方向の伝搬を表している．その等位相面の間隔は $\dfrac{2\pi}{k\sin\theta}=\dfrac{\lambda}{\sin\theta}$ である．ここで，λ は平面波の波長である．z の関数は z 方向の振幅変化を表している．z 方向は定在波分布になっている．式(2.64)にあるように，電界は x 成分のみであり，その分布の腹と節の位置はそれぞれ $\cos(kz\cos\theta)=\pm1$ と $\cos(kz\cos\theta)=0$ となる，それぞれ $z=\dfrac{n\pi}{k\cos\theta}=\dfrac{n\lambda}{2\cos\theta}$ と $z=\dfrac{(n+1/2)\pi}{k\cos\theta}=\left(\dfrac{n}{2}+\dfrac{1}{4}\right)\dfrac{\lambda}{\cos\theta}$ であり，腹と節の間隔は $\dfrac{\lambda}{4\cos\theta}$ である．ここで，n は整数である．式(2.65)において，磁界の z の関数は y 成分

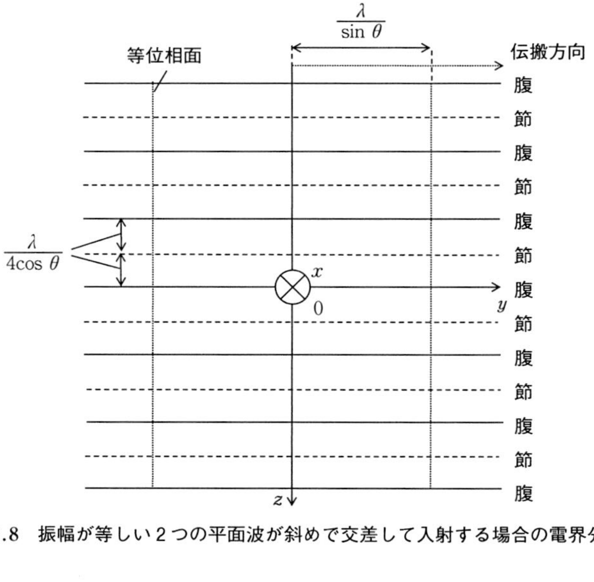

図 2.8　振幅が等しい 2 つの平面波が斜めで交差して入射する場合の電界分布

と z 成分で異なっており，前者は $\sin(kz\cos\theta)$ であるのに対し，後者は電界と同じ $\cos(kz\cos\theta)$ である．磁界の z 成分分布の腹と節の位置は電界と同じであるのに対し，y 成分の腹と節の位置は，それぞれ $\sin(kz)=\pm1$ と $\sin(kz)=0$ となる，それぞれ $z=\dfrac{(n+1/2)\pi}{k\cos\theta}=\left(\dfrac{n}{2}+\dfrac{1}{4}\right)\dfrac{\lambda}{\cos\theta}$ と $z=\dfrac{n\pi}{k\cos\theta}=\dfrac{n\lambda}{2\cos\theta}$ である．式(2.64)の電界と式(2.65)の磁界の成分には j がなく（ただし，後者には負の符号がある），式(2.65)には磁界の y 成分には $-j$ がある．磁界の z 成分は電界と $\pi/2$ の位相差があり，磁界の y 成分は電界より位相が $\pi/4$ だけ遅れていることを表している．

2.5 平面波の反射と透過

2.5.1 境界面への垂直入射

図 2.9 に示すように，媒質 1 と媒質 2 が $z=0$ の境界面で接している場合を考える．境界面は図の紙面と垂直になる．媒質 1 と媒質 2 はそれぞれ $z\leq0$ と $z\geq0$ の領域である．媒質 1 と媒質 2 の誘電率，透磁率はそれぞれ (ε_1,μ_1)，(ε_2,μ_2) で，無損失とする．

媒質 1 側から x 偏波の平面波を境界面に対して垂直入射させる．この場合，

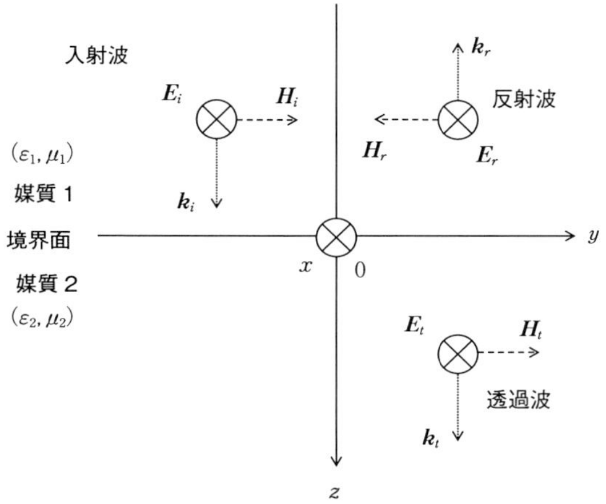

図 2.9 境界面への垂直入射

電界，磁界とも境界面に対し接線成分しかないので，このような電磁波を**TEM 波**（transverse electromagnetic wave）という．境界面に達すると，媒質1側へ反射するとともに，媒質2側へ透過する．入射波，反射波，透過波の波数ベクトルの向きはそれぞれ $+z$ 方向，$-z$ 方向，$+z$ 方向となり，その大きさはそれぞれ k_1，k_1，k_2 となる．ここで，$k_1=\omega\sqrt{\varepsilon_1\mu_1}$，$k_2=\omega\sqrt{\varepsilon_2\mu_2}$ である．入射波，反射波，透過波の電界の向きはすべて $+x$ 方向とし，その振幅はそれぞれ A，B，C とする．電界と波数ベクトルの向きが決まったので，図1.14の電界，磁界，波数ベクトルの関係から磁界の向きが決まる．すなわち，入射波，反射波，透過波の磁界の向きはそれぞれ $+y$ 方向，$-y$ 方向，$+y$ 方向となる．また，その振幅はそれぞれ A/Z_1，B/Z_1，C/Z_2 である．ここで，$Z_1=\sqrt{\mu_1/\varepsilon_1}$，$Z_2=\sqrt{\mu_2/\varepsilon_2}$ である．入射波，反射波，透過波のそれぞれの電界と磁界は，次式で表される．

$$\boldsymbol{E}_i=A\hat{\boldsymbol{x}}\exp(-jk_1z) \tag{2.66}$$

$$\boldsymbol{H}_i=\frac{A}{Z_1}\hat{\boldsymbol{y}}\exp(-jk_1z) \tag{2.67}$$

$$\boldsymbol{E}_r=B\hat{\boldsymbol{x}}\exp(jk_1z) \tag{2.68}$$

$$\boldsymbol{H}_r=-\frac{B}{Z_1}\hat{\boldsymbol{y}}\exp(jk_1z) \tag{2.69}$$

$$\boldsymbol{E}_t=C\hat{\boldsymbol{x}}\exp(-jk_2z) \tag{2.70}$$

$$\boldsymbol{H}_t=\frac{C}{Z_2}\hat{\boldsymbol{y}}\exp(-jk_2z) \tag{2.71}$$

ここで，添え字の i，r，t はそれぞれ入射（incidence），反射（reflection），透過（transmission）を表す．

$z=0$ の境界面で，電界の接線成分と磁界の接線成分の両方が連続である境界条件を満足する必要がある．この場合，電界の接線成分は x 成分であり，磁界の接線成分は y 成分である．媒質1側では入射波と反射波の和を考え，媒質2側では透過波のみを考える．式(2.66)～(2.71)を用いて，$z=0$ での電界の接線成分の連続と磁界の接線成分の連続を表す式は次式で表される．

$$A+B=C \tag{2.72}$$

$$\frac{A}{Z_1}-\frac{B}{Z_1}=\frac{C}{Z_2} \tag{2.73}$$

一般に，反射係数 R は境界面における反射波電界の接線成分の入射波電界の接線成分に対する比であり，透過係数 T は境界面における透過波電界の接線成分の入射波電界の接線成分に対する比である．この場合，反射係数 R，透過係数 T は A，B，C を用いて次式のように表され，さらに式(2.72)，(2.73)を連立して解くことで Z_1，Z_2 を用いて表すことができる．

$$R=\frac{B}{A}=\frac{Z_2-Z_1}{Z_2+Z_1} \tag{2.74}$$

$$T=\frac{C}{A}=\frac{2Z_2}{Z_2+Z_1} \tag{2.75}$$

入射波の複素ポインティングベクトル $\boldsymbol{S}_i$ は式(1.47)の $\boldsymbol{S}=\boldsymbol{E}\times\boldsymbol{H}^*$ から，次式で与えられる．

$$\boldsymbol{S}_i=\boldsymbol{E}_i\times\boldsymbol{H}_i^*=\frac{A^2}{Z_1}\hat{\boldsymbol{z}} \tag{2.76}$$

これは $+\boldsymbol{z}$ 方向に密度 A^2/Z_1 [W/m^2] のエネルギーの流れを表す．また，反射波の複素ポインティングベクトル $\boldsymbol{S}_r$ は次式で表される．

$$\boldsymbol{S}_r=\boldsymbol{E}_r\times\boldsymbol{H}_r^*=-\frac{B^2}{Z_1}\hat{\boldsymbol{z}}=-R^2\frac{A^2}{Z_1}\hat{\boldsymbol{z}}=-\frac{(Z_2-Z_1)^2}{(Z_2+Z_1)^2}\frac{A^2}{Z_1}\hat{\boldsymbol{z}} \tag{2.77}$$

これは $-\boldsymbol{z}$ 方向に密度 $\dfrac{(Z_2-Z_1)^2}{(Z_2+Z_1)^2}\dfrac{A^2}{Z_1}$ のエネルギーの流れを表す．さらに，透過波の複素ポインティングベクトル $\boldsymbol{S}_t$ は次式で表される．

$$\boldsymbol{S}_t=\boldsymbol{E}_t\times\boldsymbol{H}_t^*=\frac{C^2}{Z_2}\hat{\boldsymbol{z}}=\frac{Z_1}{Z_2}T^2\frac{A^2}{Z_1}\hat{\boldsymbol{z}}=\frac{Z_1}{Z_2}\frac{(2Z_2)^2}{(Z_2+Z_1)^2}\frac{A^2}{Z_1}\hat{\boldsymbol{z}}=\frac{4Z_1Z_2}{(Z_2+Z_1)^2}\frac{A^2}{Z_1}\hat{\boldsymbol{z}} \tag{2.78}$$

これは $+\boldsymbol{z}$ 方向に密度 $\dfrac{4Z_1Z_2}{(Z_2+Z_1)^2}\dfrac{A^2}{Z_1}$ のエネルギーの流れを表す．式(2.77)の右辺の大きさと式(2.78)の右辺の大きさを足すと，式(2.76)の右辺の大きさになる．すなわち，入射波のエネルギー密度は反射波と透過波のエネルギーの密度の和になっており，エネルギーの保存を満足している．式(2.77)から R^2 が反射波の入射波に対するエネルギー密度の比を表している．ここでは R が実数であるため R^2 となるが，一般に R は複素数であるため，その場合には $|R|^2$ とする必要がある．また，式(2.78)から $(Z_1/Z_2)T^2$ が透過波の入射波に対するエネルギー密度の比を表している．

2.5.2　境界面への TE 波の斜入射

媒質 1 側から平面波が $\boldsymbol{z}=0$ の境界面に対して斜入射する場合を考える．境界面の単位法線ベクトル $\hat{\boldsymbol{n}}$ と入射波の波数ベクトル $\boldsymbol{k}_i$ を含む平面を**入射面**という．斜入射には2つの場合があり，図2.10に示すように偏波が入射面に直交する**直交偏波**の場合と，図2.11に示すように偏波が入射面と平行な**平行偏波**の場合がある．いずれも入射面は図の紙面と平行である．これら2つの場合を，電界が境界面に対し接線成分しかない**TE波**（transverse electric wave）（図2.10）という場合と，磁界が境界面に対し接線成分しかない**TM波**

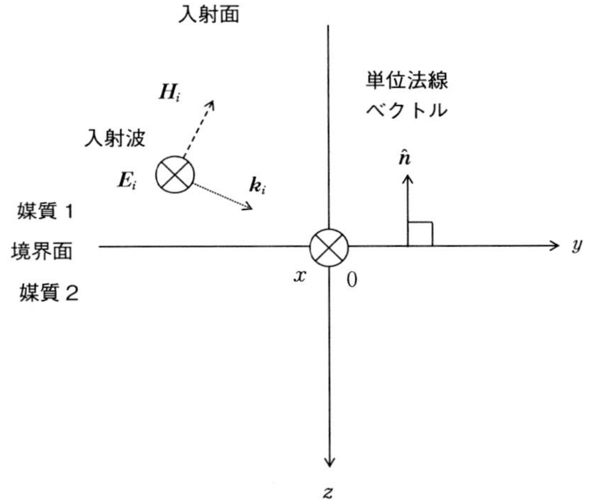

図2.10　TE波

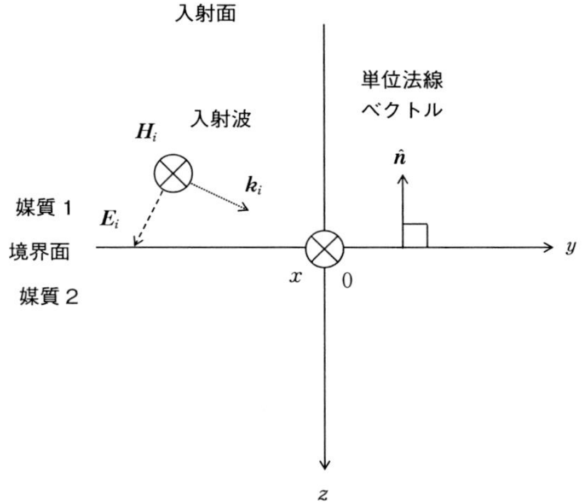

図2.11　TM波

(transverse magnetic wave)（図 2.11）という場合がある．本書では TE 波，TM 波で区別する．任意の波については，これら 2 つの場合の重ね合わせで表せる．

図 2.12 に示すように，媒質 1 側から TE 波を境界面に対して斜入射させる．入射波，反射波，透過波の伝搬方向を表す角度をそれぞれ**入射角** θ_i，**反射角** θ_r，**透過角**または**屈折角** θ_t といい，図 2.12 のように境界面の法線ベクトルの方向からとる．これらの角度は 0 以上 $\pi/2$ 以下である．入射波，反射波，透過波の波数ベクトルは次式で与えられる．

$$\boldsymbol{k}_i = k_1(\hat{\boldsymbol{y}} \sin\theta_i + \hat{\boldsymbol{z}} \cos\theta_i) \tag{2.79}$$

$$\boldsymbol{k}_r = k_1(\hat{\boldsymbol{y}} \sin\theta_r - \hat{\boldsymbol{z}} \cos\theta_r) \tag{2.80}$$

$$\boldsymbol{k}_t = k_2(\hat{\boldsymbol{y}} \sin\theta_t + \hat{\boldsymbol{z}} \cos\theta_t) \tag{2.81}$$

入射波，反射波，透過波の電界の向きはすべて $+\boldsymbol{x}$ 方向とし，その振幅はそれぞれ A，B，C とする．電界と波数ベクトルの向きが決まったので，図 1.14 の電界，磁界，波数ベクトルの関係から磁界の向きが決まる．入射波，反射波，透過波の磁界の単位ベクトルの向きは図 2.12 から次式で与えられ，その振幅はそれぞれ A/Z_1，B/Z_1，C/Z_2 である．

$$\hat{\boldsymbol{h}}_i = \hat{\boldsymbol{y}} \cos\theta_i - \hat{\boldsymbol{z}} \sin\theta_i \tag{2.82}$$

$$\hat{\boldsymbol{h}}_r = -\hat{\boldsymbol{y}} \cos\theta_r - \hat{\boldsymbol{z}} \sin\theta_r \tag{2.83}$$

$$\hat{\boldsymbol{h}}_t = \hat{\boldsymbol{y}} \cos\theta_t - \hat{\boldsymbol{z}} \sin\theta_t \tag{2.84}$$

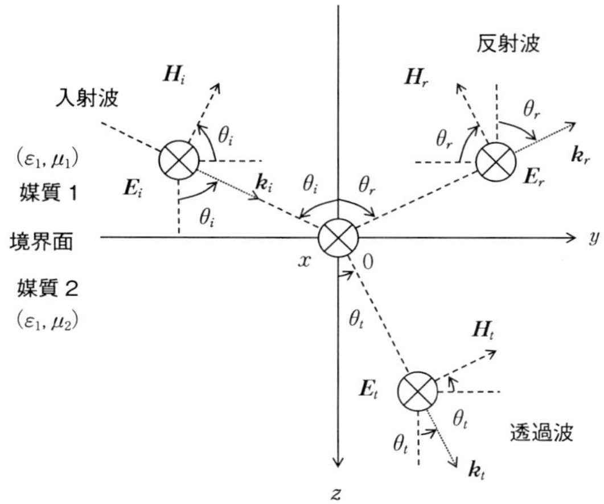

図 2.12　境界面へ TE 波の斜入射

また，入射波，反射波，透過波のそれぞれの電界と磁界は，次式で表される．

$$\boldsymbol{E}_i = A\hat{\boldsymbol{x}} \exp\{-jk_1(y \sin\theta_i + z\cos\theta_i)\} \tag{2.85}$$

$$\boldsymbol{H}_i = \frac{A}{Z_1}(\hat{\boldsymbol{y}}\cos\theta_i - \hat{\boldsymbol{z}}\sin\theta_i)\exp\{-jk_1(y\sin\theta_i + z\cos\theta_i)\} \tag{2.86}$$

$$\boldsymbol{E}_r = B\hat{\boldsymbol{x}} \exp\{-jk_1(y \sin\theta_r - z\cos\theta_r)\} \tag{2.87}$$

$$\boldsymbol{H}_r = \frac{B}{Z_1}(-\hat{\boldsymbol{y}}\cos\theta_r - \hat{\boldsymbol{z}}\sin\theta_r)\exp\{-jk_1(y\sin\theta_r - z\cos\theta_r)\} \tag{2.88}$$

$$\boldsymbol{E}_t = C\hat{\boldsymbol{x}} \exp\{-jk_2(y \sin\theta_t + z\cos\theta_t)\} \tag{2.89}$$

$$\boldsymbol{H}_t = \frac{C}{Z_2}(\hat{\boldsymbol{y}}\cos\theta_t - \hat{\boldsymbol{z}}\sin\theta_t)\exp\{-jk_2(y\sin\theta_t + z\cos\theta_t)\} \tag{2.90}$$

$z=0$ の境界面で，電界の接線成分と磁界の接線成分の両方が連続である境界条件を満足する必要がある．この場合，電界の接線成分は x 成分であり，磁界の接線成分は y 成分である．媒質 1 側では入射波と反射波の和を考え，媒質 2 側では透過波のみを考える．式(2.85)～(2.90)を用いて，$z=0$ での電界の接線成分の連続と磁界の接線成分の連続を表す式は次式で表される．

$$\begin{aligned} &A\exp(-jk_1 y\sin\theta_i) + B\exp(-jk_1 y\sin\theta_r) \\ &= C\exp(-jk_2 y\sin\theta_t) \end{aligned} \tag{2.91}$$

$$\begin{aligned} &\frac{A}{Z_1}\cos\theta_i\exp(-jk_1 y\sin\theta_i) - \frac{B}{Z_1}\cos\theta_r\exp(-jk_1 y\sin\theta_r) \\ &= \frac{C}{Z_2}\cos\theta_t\exp(-jk_2 y\sin\theta_t) \end{aligned} \tag{2.92}$$

式(2.91)，(2.92)が任意の y で成り立つためには，次の 2 式を満足する必要がある．

$$\theta_i = \theta_r \tag{2.93}$$

$$k_1\sin\theta_i = k_2\sin\theta_t \tag{2.94}$$

式(2.93)は**反射の法則**といい，入射角と反射角は等しいことを表している．式(2.94)は**スネルの法則**または**屈折の法則**といい，入射角と透過角の関係を表している．式(2.93)，(2.94)が成り立つならば，式(2.91)，(2.92)は次式のようになる．

$$A + B = C \tag{2.95}$$

$$\frac{A}{Z_1}\cos\theta_i - \frac{B}{Z_1}\cos\theta_r = \frac{C}{Z_2}\cos\theta_t \tag{2.96}$$

反射係数 R，透過係数 T は A，B，C を用いて次式のように表され，さらに式(2.95)，(2.96)を連立して解くことで，Z_1，Z_2 を用いて表すことができる．

$$R=\frac{B}{A}=\frac{Z_2\cos\theta_i-Z_1\cos\theta_t}{Z_2\cos\theta_i+Z_1\cos\theta_t} \tag{2.97}$$

$$T=\frac{C}{A}=\frac{2Z_2\cos\theta_i}{Z_2\cos\theta_i+Z_1\cos\theta_t} \tag{2.98}$$

式(2.95)，(2.96)を垂直入射の場合の式(2.72)，(2.73)と比較すると，式(2.73)の Z_1，Z_2 を式(2.96)ではそれぞれ $Z_1/\cos\theta_i$，$Z_2/\cos\theta_t$ で置き換えた形になっている．これは，角度 θ の斜入射により，境界面での磁界の接線成分が垂直入射の場合の $\cos\theta$ 倍となり，接線成分での電界の磁界に対する比で定義した波動インピーダンスが垂直入射の場合の $1/\cos\theta$ 倍になるためである．

図 2.13 に入射波，反射波，透過波の等位相面の関係を示す．入射波，反射波，透過波の等位相面は境界面で一致している．媒質 1，媒質 2 のそれぞれの等位相面の間隔である波長 λ_1，λ_2 を y 軸に投影した長さが λ_y で同じになっている．すなわち次式が成り立っている．

$$\frac{\lambda_1}{\sin\theta_i}=\frac{\lambda_1}{\sin\theta_r}=\frac{\lambda_2}{\sin\theta_t}(=\lambda_y) \tag{2.99}$$

この式に式(2.14)の波数と波長の関係を入れると，式(2.93)の反射の法則，式(2.94)のスネルの法則を満たしていることが分かる．

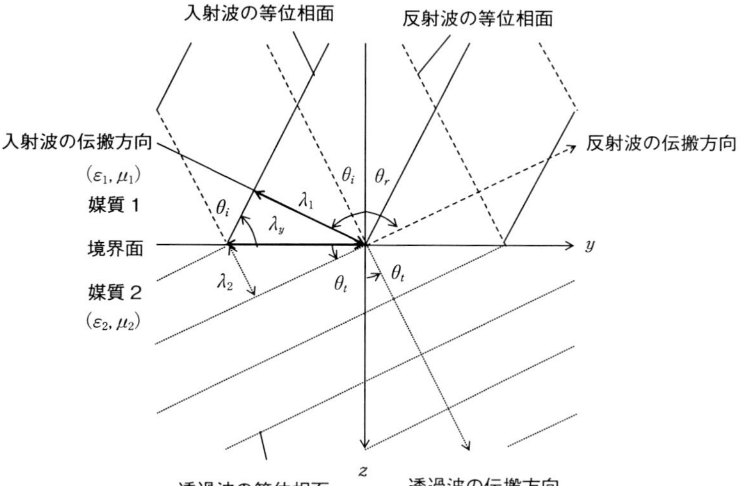

図 2.13　入射波，反射波，透過波の等位相面の関係

2.5.3 境界面への TM 波の斜入射

図 2.14 に示すように，媒質 1 側から TM 波を境界面に対して斜入射させる．入射波，反射波，透過波の波数ベクトルは，それぞれ式(2.79)，(2.80)，(2.81)となり TE 波の場合と同じである．入射波，反射波，透過波の磁界の向きはすべて $+x$ 方向とし，その振幅はそれぞれ A，B，C とする．磁界と波数ベクトルの向きが決まったので，図 1.14 の電界，磁界，波数ベクトルの関係から電界の向きが決まる．入射波，反射波，透過波の電界の単位ベクトルの向きは図 2.12 から次式で与えられ，その振幅はそれぞれ Z_1A，Z_1B，Z_2C である．

$$\hat{\boldsymbol{e}}_i=-\hat{\boldsymbol{y}}\cos\theta_i+\hat{\boldsymbol{z}}\sin\theta_i \tag{2.100}$$

$$\hat{\boldsymbol{e}}_r=\hat{\boldsymbol{y}}\cos\theta_r+\hat{\boldsymbol{z}}\sin\theta_r \tag{2.101}$$

$$\hat{\boldsymbol{e}}_t=-\hat{\boldsymbol{y}}\cos\theta_t+\hat{\boldsymbol{z}}\sin\theta_t \tag{2.102}$$

また，入射波，反射波，透過波のそれぞれの磁界と電界は，次式で表される．

$$\boldsymbol{H}_i=A\hat{\boldsymbol{x}}\exp\{-jk_1(y\sin\theta_i+z\cos\theta_i)\} \tag{2.103}$$

$$\boldsymbol{E}_i=Z_1A(-\hat{\boldsymbol{y}}\cos\theta_i+\hat{\boldsymbol{z}}\sin\theta_i)\exp\{-jk_1(y\sin\theta_i+z\cos\theta_i)\} \tag{2.104}$$

$$\boldsymbol{H}_r=B\hat{\boldsymbol{x}}\exp\{-jk_1(y\sin\theta_r-z\cos\theta_r)\} \tag{2.105}$$

$$\boldsymbol{E}_r=Z_1B(\hat{\boldsymbol{y}}\cos\theta_r+\hat{\boldsymbol{z}}\sin\theta_r)\exp\{-jk_1(y\sin\theta_r-z\cos\theta_r)\} \tag{2.106}$$

$$\boldsymbol{H}_t=C\hat{\boldsymbol{x}}\exp\{-jk_2(y\sin\theta_t+z\cos\theta_t)\} \tag{2.107}$$

$$\boldsymbol{E}_t=Z_2C(-\hat{\boldsymbol{y}}\cos\theta_t+\hat{\boldsymbol{z}}\sin\theta_t)\exp\{-jk_2(y\sin\theta_t+z\cos\theta_t)\} \tag{2.108}$$

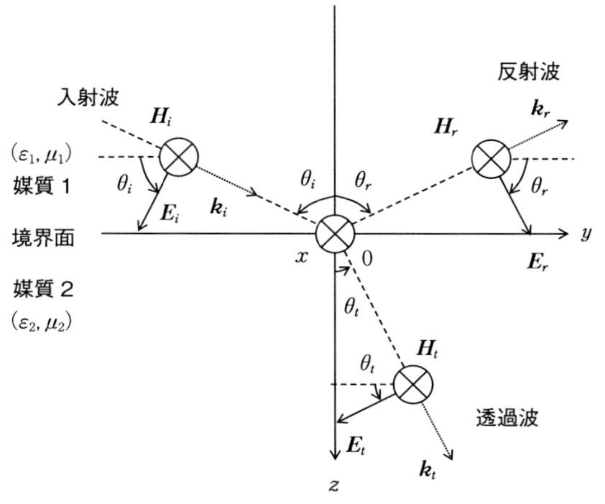

図 2.14　境界面へ TM 波の斜入射

$z=0$ の境界面で，磁界の接線成分と電界の接線成分の両方が連続である境界条件を満足する必要がある．この場合，磁界の接線成分は x 成分であり，電界の接線成分は y 成分である．媒質 1 側では入射波と反射波の和を考え，媒質 2 側では透過波のみを考える．式(2.103)～(2.108)を用いて，$z=0$ での磁界の接線成分の連続と電界の接線成分の連続を表す式は次式で表される．

$$A\exp(-jk_1y\sin\theta_i)+B\exp(-jk_1y\sin\theta_r)=C\exp(-jk_2y\sin\theta_t) \tag{2.109}$$

$$-Z_1A\cos\theta_i\exp(-jk_1y\sin\theta_i)+Z_1B\cos\theta_r\exp(-jk_1y\sin\theta_r)$$
$$=-Z_2C\cos\theta_t\exp(-jk_2y\sin\theta_t) \tag{2.110}$$

式(2.109)，(2.110)が任意の y で成り立つためには，TE 波の場合と同じように式(2.93)の反射の法則と式(2.94)のスネルの法則を満足する必要がある．式(2.93)，(2.94)が成り立つとすると，式(2.109)，(2.110)は次式のようになる．

$$A+B=C \tag{2.111}$$

$$Z_1A\cos\theta_i-Z_1B\cos\theta_r=Z_2C\cos\theta_t \tag{2.112}$$

反射係数 R，透過係数 T は，$z=0$ の境界面での電界の接線成分である y 成分に対して定義されていることに注意すると，A，B，C を用いて次式のように表され，さらに式(2.95)，(2.96)を連立して解くことで Z_1，Z_2 を用いて表すことができる．

$$R=-\frac{B}{A}=\frac{Z_2\cos\theta_t-Z_1\cos\theta_i}{Z_2\cos\theta_t+Z_1\cos\theta_i} \tag{2.113}$$

$$T=\frac{Z_2C\cos\theta_t}{Z_1A\cos\theta_i}=\frac{2Z_2\cos\theta_t}{Z_2\cos\theta_t+Z_1\cos\theta_i} \tag{2.114}$$

式(2.111)，(2.112)を垂直入射の場合の式(2.72)，(2.73)と比較すると，式(2.73)の Z_1，Z_2 を式(2.112)ではそれぞれ $1/(Z_1\cos\theta_i)$，$1/(Z_2\cos\theta_t)$ で置き換えた形になっている．これは，角度 θ の斜入射により，境界面での電界の接線成分が垂直入射の場合の $\cos\theta$ 倍となり，接線成分での電界の磁界に対する比で定義した波動インピーダンスが垂直入射の場合の $\cos\theta$ 倍になっている．垂直入射では電界の振幅を A，B，C とおいているのに対し，TM 波斜入射では磁界の振幅を A，B，C とおいているため，波動インピーダンスの逆数にする必要がある．反射係数では，入射波電界の y 成分と反射波成分の y 成分が図 2.14 にあるように反対に向いているため，式(2.113)において磁界での比

B/A に負の符号をつける必要がある．透過係数では，式(2.114)において入射角と透過角の違いによる電界の接線成分の比 $\cos\theta_t/\cos\theta_i$ と媒質 1 と媒質 2 の違いによる波動インピーダンスの比 Z_2/Z_1 を磁界での比 C/A にかける必要がある．

TM 波斜入射における入射波，反射波，透過波の等位相面の関係は TE 波斜入射の図 2.13 と同じである．

2.5.4 ブリュースター角

2.5.4 と 2.5.5 では，媒質 1 と媒質 2 の透磁率は μ で同じとし，誘電率がそれぞれ ε_1 と ε_2 で異なっているとする．入射角 θ_i，反射角 θ_r，透過角 θ_t はそれぞれ 0 以上 $\pi/2$ 以下である．

$\varepsilon_1<\varepsilon_2$ の場合，式(2.14)の $k=\omega\sqrt{\varepsilon\mu}$ から $k_1<k_2$，式(1.18)の $Z=\sqrt{\mu/\varepsilon}$ から $Z_1>Z_2$ となる．式(2.94)のスネルの法則 $k_1\sin\theta_i=k_2\sin\theta_t$ から $\sin\theta_i>\sin\theta_t$，すなわち $\theta_i>\theta_t$ となる．$\sin^2\theta+\cos^2\theta=1$ より $\cos\theta_i<\cos\theta_t$ となる．式(2.97)の $R=\dfrac{Z_2\cos\theta_i-Z_1\cos\theta_t}{Z_2\cos\theta_i+Z_1\cos\theta_t}$ から TE 波の反射係数 R は常に $R<0$ となる．$R<0$ は反射波の入射波に対する位相は $\pi/2$ 変化していることを表している．それに対して，式(2.113)の $R=\dfrac{Z_2\cos\theta_t-Z_1\cos\theta_i}{Z_2\cos\theta_t+Z_1\cos\theta_i}$ から TM 波の反射係数 R は $R=0$ となる θ_i が存在する．

逆に $\varepsilon_1>\varepsilon_2$ の場合，$k_1>k_2$，$Z_1<Z_2$ となる．また，$\sin\theta_i<\sin\theta_t$ すなわち $\theta_i<\theta_t$ となり，$\cos\theta_i>\cos\theta_t$ となる．よって TE 波の反射係数 R は常に $R>0$ となる．$R>0$ は反射波の入射波に対する位相は変化していないことを表している．それに対して TM 波の反射係数 R は $R=0$ となる θ_i が存在する．

反射係数 R は $R=0$ となる θ_i を**ブリュースター角**（Brewster angle）θ_b といい，次式で与えられる．

$$\sin\theta_b=\sqrt{\frac{\varepsilon_2}{\varepsilon_1+\varepsilon_2}} \tag{2.115}$$

ブリュースター角は TM 波斜入射に存在し，TE 波斜入射にはない．

2.5.5　全反射

2.5.4 でのべたように，$\varepsilon_1<\varepsilon_2$ の場合，$\theta_i>\theta_t$ となる．$0\leq\theta_i\leq\pi/2$ であるため，$0\leq\theta_t<\pi/2$ となり，$\theta_t=\pi/2$ になることはない．

逆に $\varepsilon_1>\varepsilon_2$ の場合，$\theta_i<\theta_t$ となる．よって $\theta_t=\pi/2$ となる $\theta_i(<\pi/2)$ が存在する．そのような θ_i を**臨界角**（critical angle）θ_c といい，次式で与えられる．

$$\sin\theta_c=\sqrt{\frac{\varepsilon_2}{\varepsilon_1}} \tag{2.116}$$

臨界角は $\varepsilon_1>\varepsilon_2$ の場合に存在し，$\varepsilon_1<\varepsilon_2$ の場合にはない．

$\varepsilon_1>\varepsilon_2$ かつ入射角 θ_i が臨界角よりも大きい場合，**全反射**がおこる．入射波のエネルギーはすべて反射波のエネルギーとなる．透過波の電磁界は境界面のそばに存在し，境界面から離れるにつれてその振幅は減衰する．この透過波のような波を**エバネッセント波**という．以下，TE 波を例に説明する．TM 波についてもほぼ同様である．

式(2.94)のスネルの法則から $\sin\theta_t=\sqrt{\varepsilon_1/\varepsilon_2}\sin\theta_i>1$ と 1 より大きい実数となり，$\cos^2\theta_t=1-\sin^2\theta_t=1-\varepsilon_1/\varepsilon_2\sin^2\theta_i<0$ と負の実数になる．z が大きくなるとき透過波の電磁界が減衰するよう $\cos\theta_t$ を負の純虚数としてとる．

$$\cos\theta_t=-j\alpha \tag{2.117}$$

これを式(2.89)に代入すると，透過波の電界は次式で表され，z が大きくなるとき減衰し，等位相面は $+y$ 方向に伝搬していくことが分かる．

$$\begin{aligned}\boldsymbol{E}_t&=C\hat{\boldsymbol{x}}\exp\left[-jk_2\{y\sin\theta_t+(-j\alpha)z\}\right]\\&=C\hat{\boldsymbol{x}}\exp(-jk_2y\sin\theta_t-k_2\alpha z)\end{aligned} \tag{2.118}$$

式(2.117)を式(2.97)，(2.98)に代入すると次式が得られる．

$$R=\frac{Z_2\cos\theta_i+jZ_1\alpha}{Z_2\cos\theta_i-jZ_1\alpha} \tag{2.119}$$

$$T=\frac{2Z_2\cos\theta_i}{Z_2\cos\theta_i-jZ_1\alpha} \tag{2.120}$$

式(2.119)の右辺の分子と分母が互いに複素共役の関係にあるので，分子と分母の大きさは等しい．よって，R の大きさは 1 となる．すなわち，反射波のエネルギー密度は入射波のエネルギー密度と等しい．R の大きさは 1 であるので偏角 ϕ を用いて R を次式のようにおく．

$$R=\exp(j\phi) \tag{2.121}$$

ここで，偏角 ϕ は式(2.119)から次式を満足し，$0<\phi/2<\pi/2$ となる．反射波

の位相は入射波の位相より偏角 ϕ だけ進んでいる．

$$\tan\frac{\phi}{2}=\frac{Z_1\alpha}{Z_2\cos\theta_i}>0 \tag{2.122}$$

また，式(2.120)より，透過係数 T も偏角 ϕ を使って次式で表される．透過波の位相は入射波の位相より偏角 $\frac{\phi}{2}$ だけ進んでいる．

$$T=\frac{2Z_2\cos\theta_i}{\sqrt{(Z_2\cos\theta_i)^2+(Z_1\alpha)^2}}\exp\left(\frac{j\phi}{2}\right) \tag{2.123}$$

式(2.93)の反射の法則と式(2.121)を式(2.85)，(2.87)に代入し，入射波電界と反射波電界を足した媒質1での電界は次式で与えられる．

$$\begin{aligned}\boldsymbol{E}_1&=\boldsymbol{E}_i+\boldsymbol{E}_r\\&=A\hat{\boldsymbol{x}}\exp\{-jk_1(y\sin\theta_i+z\cos\theta_i)\}+RA\hat{\boldsymbol{x}}\exp\{-jk_1(y\sin\theta_i-z\cos\theta_i)\}\\&=A\hat{\boldsymbol{x}}\exp(-jk_1y\sin\theta_i)\{\exp(-jk_1z\cos\theta_i)+\exp(j\phi)\exp(jk_1z\cos\theta_i)\}\\&=A\hat{\boldsymbol{x}}\exp(-jk_1y\sin\theta_i)\exp\left(\frac{j\phi}{2}\right)\\&\quad\times\left\{\exp\left(-\frac{j\phi}{2}\right)\exp(-jk_1z\cos\theta_i)+\exp\left(\frac{j\phi}{2}\right)\exp(jk_1z\cos\theta_i)\right\}\\&=2A\hat{\boldsymbol{x}}\exp(-jk_1y\sin\theta_i)\exp\left(\frac{j\phi}{2}\right)\cos\left(k_1z\cos\theta_i+\frac{\phi}{2}\right)\end{aligned} \tag{2.124}$$

この式は，式(2.64)と同様に y の関数と z の関数の積になっており，z 方向に定在波分布となり $+y$ 方向に伝搬していることが分かる．

図 2.15，図 2.16 に，それぞれ全反射における入射波，反射波，透過波の等位相面の関係，全反射における媒質1での電界分布を示す．図 2.15 において，反射波の位相は入射波の位相より進んでいる．それは，図 2.15 における反射波の等位相面が図 2.13 の場合より右側にあることに相当する．等価的に境界面が $\frac{\phi}{2k_1\cos\theta_i}$ だけ下がり，入射波は媒質2に少し入った後，反射波として出ていく．これを**グース・ヘンシェンシフト**という．透過波の位相も入射波の位相より進んでおり，等位相面の間隔は $\frac{2\pi}{k_2\sin\theta_t}=\frac{\lambda_2}{\sin\theta_t}$ となる．ここで，λ_2 は媒質2での平面波の波長である．図 2.16 において，z 方向の定在波分布の腹と節の間隔は $\frac{\pi}{2k_1\cos\theta_i}=\frac{\lambda_1}{4\cos\theta_i}$ となる．ここで，λ_1 は媒質1での平面波

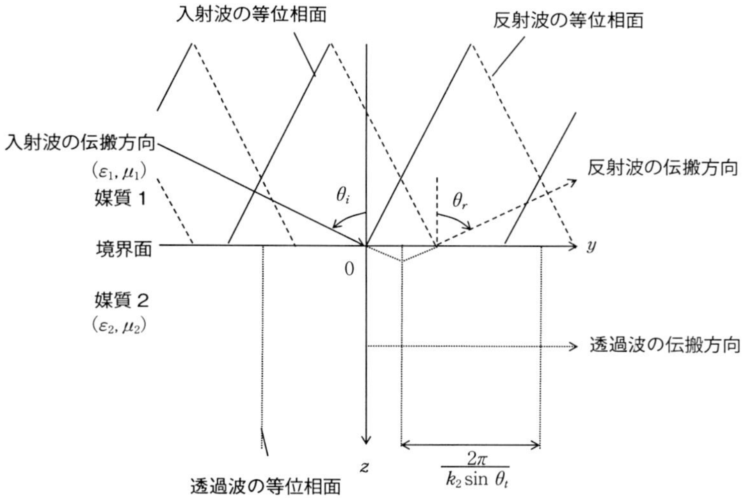

図 2.15　全反射における入射波，反射波，透過波の等位相面の関係

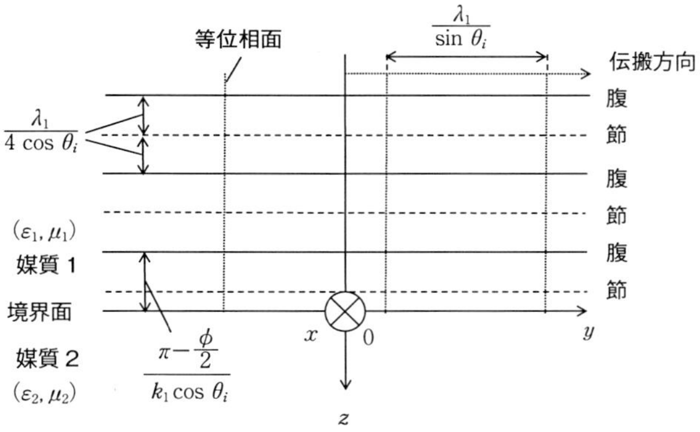

図 2.16　全反射における媒質 1 の電界分布

の波長である．一番下の腹と境界面の距離は $\dfrac{\pi - \phi/2}{k_1 \cos \theta_i}$ となる．$+y$ 方向に伝搬する等位相面の間隔は $\dfrac{\lambda_1}{\sin \theta_i}\left(= \dfrac{\lambda_2}{\sin \theta_t}\right)$ となる．

2.6 導体平面への入射

2.6.1 完全導体への垂直入射

図 2.17 に示すように，媒質 1 と完全導体である媒質 2 が $z=0$ の境界面で接している場合を考える．媒質 1 と媒質 2 はそれぞれ $z\leq 0$ と $z\geq 0$ の領域である．媒質 1 の誘電率，透磁率は (ε_1, μ_1) であり，無損失とする．媒質 2 の導電率は無限大 $(\sigma_2=\infty)$ である．

媒質 1 側から x 偏波の平面波を境界面に対して垂直入射させる．境界面に達すると，媒質 1 側へ反射する．媒質 2 は完全導体であるため，その中の電界，磁界とも $\mathbf{0}$ である．入射波，反射波の扱いは 2.5.1 の境界面への垂直入射と同じである．

$z=0$ の境界面で，完全導体の境界条件，すなわち電界の接線成分が 0 となる必要がある．式(2.72)において $C=0$ とすることで，$A+B=0$，すなわち $B=-A$ が得られる．反射係数は $R=B/A=-1$ となる．媒質 1 での電界と磁界は，入射波と反射波の和として表され，次式となる．

$$\begin{aligned}\boldsymbol{E}&=\boldsymbol{E}_i+\boldsymbol{E}_r\\&=A\hat{\boldsymbol{x}}\exp(-jk_1z)-A\hat{\boldsymbol{x}}\exp(jk_1z)=-2jA\hat{\boldsymbol{x}}\sin(k_1z)\end{aligned} \quad (2.125)$$

$$\boldsymbol{H}=\boldsymbol{H}_i+\boldsymbol{H}_r$$

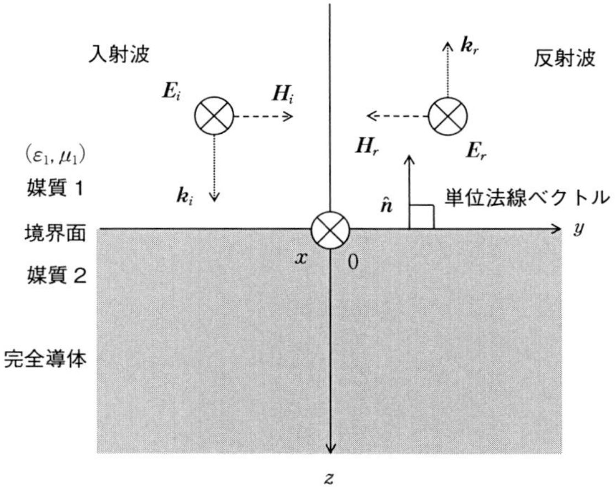

図 2.17　完全導体への垂直入射

$$=\frac{A}{Z_1}\hat{\boldsymbol{y}}\exp(-jk_1z)+\frac{A}{Z_1}\hat{\boldsymbol{y}}\exp(jk_1z)=\frac{2A}{Z_1}\hat{\boldsymbol{y}}\cos(k_1z) \qquad (2.126)$$

完全導体への垂直入射の場合の媒質1での電磁界分布は，2.4.1で説明した振幅が等しい2つの平面波が互いに反対の方向から入射する場合と同じようになっている．次に，図2.18に電界分布を示す．電界分布の腹と節の位置は，図2.6の場合とは z 方向に $\lambda_1/4$ だけずれている．電界分布の腹と節の位置は，それぞれ $z=\frac{(n+1/2)\pi}{k}=\left(\frac{n}{2}+\frac{1}{4}\right)\lambda_1$ と $z=\frac{n\pi}{k}=\frac{n}{2}\lambda_1$ であり，腹と節の間隔は $\lambda_1/4$ である．ここで，n は整数である．一方，磁界分布の腹と節の位置は，それぞれ $z=n\pi/k=(n/2)\lambda_1$ と $z=\frac{(n+1/2)\pi}{k}=\left(\frac{n}{2}+\frac{1}{4}\right)\lambda_1$ である．電界分布と磁界分布の腹と節の位置は互いに $\lambda_1/4$ だけずれており，電界分布の腹の位置で磁界分布は節であり，電界分布の節の位置で磁界分布は腹になっている．式(2.125)には $-j$ があり，式(2.126)には j がない．磁界は電界より位相が $\pi/2$ だけ進んでいることを表している．電界の振幅が最大のとき磁界の振幅は0であり，磁界の振幅が最大のとき電界の振幅は0である．

$z=0$ の完全導体表面上には，式(1.33)と式(2.126)から次式で与えられる線電流密度 $\boldsymbol{j}_l$ が流れる．

$$\boldsymbol{j}_l=\hat{\boldsymbol{n}}\times\boldsymbol{H}=(-\hat{\boldsymbol{z}})\times\hat{\boldsymbol{y}}\frac{2A}{Z_1}=\hat{\boldsymbol{x}}\frac{2A}{Z_1} \qquad (2.127)$$

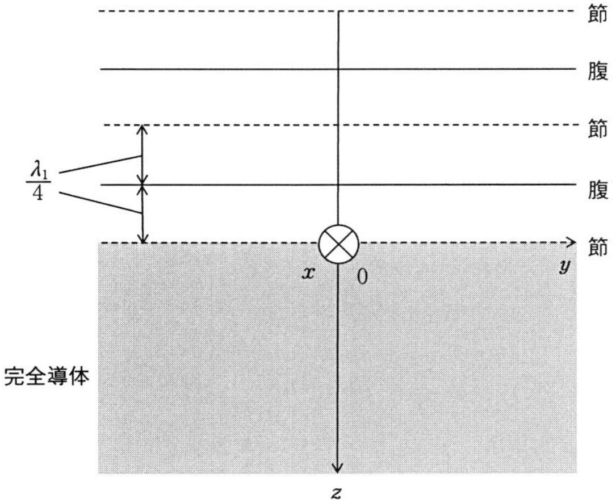

図2.18　完全導体への垂直入射における電界分布

2.6.2 完全導体への TE 波の斜入射

図 2.19 に示すように，媒質 1 側から TE 波を境界面に対して斜入射させる．境界面に達すると，媒質 1 側へ反射する．媒質 2 は完全導体であるため，その中の電界，磁界とも **0** である．入射波，反射波の扱いは 2.5.2 の境界面への TE 波の斜入射と同じである．

$z=0$ の境界面で，完全導体の境界条件，すなわち電界の接線成分が 0 となる必要がある．式(2.95)において $C=0$ とすることで，$A+B=0$，すなわち $B=-A$ が得られる．反射係数は $R=B/A=-1$ となる．媒質 1 での電界と磁界は，入射波と反射波の和として表され，次式となる．

$$\begin{aligned}\boldsymbol{E}&=\boldsymbol{E}_i+\boldsymbol{E}_r\\&=A\hat{\boldsymbol{x}}\exp\{-jk_1(y\sin\theta_i+z\cos\theta_i)\}-A\hat{\boldsymbol{x}}\exp\{-jk_1(y\sin\theta_i-z\cos\theta_i)\}\\&=A\hat{\boldsymbol{x}}\exp(-jk_1y\sin\theta_i)\{\exp(-jk_1z\cos\theta_i)-\exp(jk_1z\cos\theta_i)\}\\&=-2jA\hat{\boldsymbol{x}}\exp(-jk_1y\sin\theta_i)\sin(k_1z\cos\theta_i)\end{aligned}\qquad(2.128)$$

$$\begin{aligned}\boldsymbol{H}&=\boldsymbol{H}_i+\boldsymbol{H}_r\\&=\frac{A}{Z_1}(\hat{\boldsymbol{y}}\cos\theta_i-\hat{\boldsymbol{z}}\sin\theta_i)\exp\{-jk_1(y\sin\theta_i+z\cos\theta_i)\}\\&\quad-\frac{A}{Z_1}(-\hat{\boldsymbol{y}}\cos\theta_i-\hat{\boldsymbol{z}}\sin\theta_i)\exp\{-jk_1(y\sin\theta_i-z\cos\theta_i)\}\\&=\frac{A}{Z_1}\hat{\boldsymbol{y}}\cos\theta_i\exp(-jk_1y\sin\theta_i)\{\exp(-jk_1z\cos\theta_i)+\exp(jk_1z\cos\theta_i)\}\end{aligned}$$

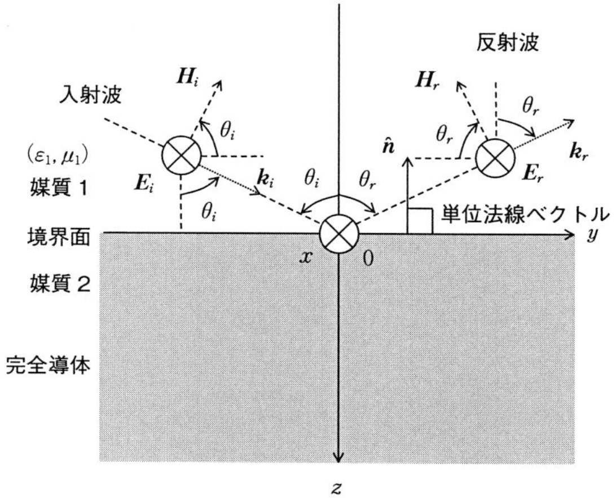

図 2.19 完全導体への TE 波の斜入射

$$-\frac{A}{Z_1}\hat{\boldsymbol{z}}\sin\theta_i\exp(-jk_1y\sin\theta_i)\{\exp(-jk_1z\cos\theta_i)-\exp(jk_1z\cos\theta_i)\}$$

$$=\frac{2A}{Z_1}\exp(-jk_1y\sin\theta_i)\{\hat{\boldsymbol{y}}\cos\theta_i\cos(k_1z\cos\theta_i)+j\hat{\boldsymbol{z}}\sin\theta_i\sin(k_1z\cos\theta_i)\}$$

(2.129)

完全導体への TE 波の斜入射の場合の媒質 1 での電磁界分布は，2.4.2 で説明した振幅が等しい 2 つの平面波が斜めで交差して入射する場合と同じようになっている．図 2.20 に電界分布を示す．式(2.128)，(2.129) はそれぞれ y の関数と z の関数の積になっている．y の関数に時間変化 $\exp(j\omega t)$ をかけた関数は式(1.43)のように速度 v の移動を表す $y-vt$ の関数になっており，$+y$ 方向の伝搬を表している．その等位相面の間隔は $\dfrac{2\pi}{k_1\sin\theta_i}=\dfrac{\lambda_1}{\sin\theta_i}$ である．z の関数は z 方向の振幅変化を表している．z 方向は定在波分布になっている．式(2.128)にあるように，電界は x 成分のみであり，その分布の腹と節の位置は，それぞれ $z=\dfrac{(n+1/2)\pi}{k_1\cos\theta_i}=\left(\dfrac{n}{2}+\dfrac{1}{4}\right)\dfrac{\lambda_1}{\cos\theta_i}$ と $z=\dfrac{n\pi}{k_1\cos\theta_i}=\dfrac{n\lambda_1}{2\cos\theta_i}$ であり，腹と節の間隔は $\lambda_1/(4\cos\theta_i)$ である．ここで，n は整数である．式(2.129)において，磁界の z の関数は y 成分と z 成分で異なっており，前者は

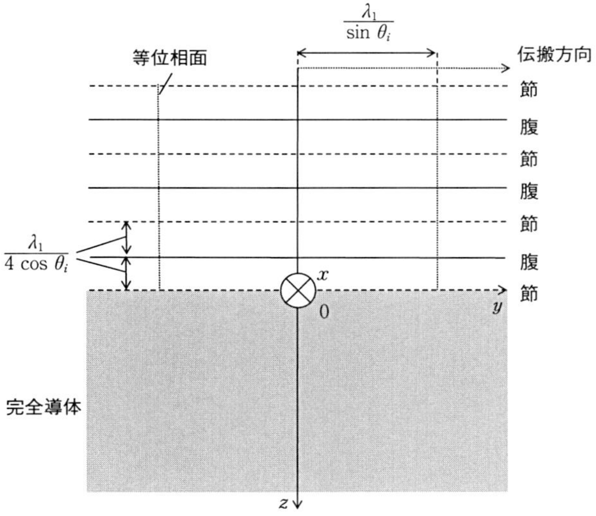

図 2.20　完全導体への TE 波の斜入射における電界分布

$\cos(k_1 z\cos\theta_i)$ であるのに対し，後者は電界と同じ $\sin(k_1 z\cos\theta_i)$ である．磁界の z 成分分布の腹と節の位置は電界と同じであるのに対して，y 成分の腹と節の位置は，それぞれ $z=\dfrac{n\pi}{k_1\cos\theta_i}=\dfrac{n\lambda_1}{2\cos\theta_i}$ と $z=\dfrac{(n+1/2)\pi}{k_1\cos\theta_i}=\left(\dfrac{n}{2}+\dfrac{1}{4}\right)\dfrac{\lambda_1}{\cos\theta_i}$ である．式(2.128)の電界と式(2.129)の磁界の z 成分には j があり（前者には負の符号もある），式(2.129)には磁界の y 成分には j がない．磁界の z 成分は電界と π の位相差があり，磁界の y 成分は電界より位相が $\pi/2$ だけ進んでいることを表している．図 2.15 の全反射とは異なり，媒質 2 には電磁界は $\mathbf{0}$ であり，グース・ヘンシェンシフトのような y 方向の位相変化はない．

$z=0$ の完全導体表面上には，式(1.33)と式(2.129)から次式で与えられる線電流密度 $\boldsymbol{j}_l$ が流れる．

$$\boldsymbol{j}_l=\hat{\boldsymbol{n}}\times\boldsymbol{H}=(-\hat{\boldsymbol{z}})\times\hat{\boldsymbol{y}}\frac{2A}{Z_1}\cos\theta_i\exp(-jk_1 y\sin\theta_i)$$
$$=\hat{\boldsymbol{x}}\frac{2A}{Z_1}\cos\theta_i\exp(-jk_1 y\sin\theta_i) \tag{2.130}$$

2.6.3 導電性媒質への TE 波の斜入射

図 2.21 に示すように，媒質 1 と導電性導体である媒質 2 が $z=0$ の境界面

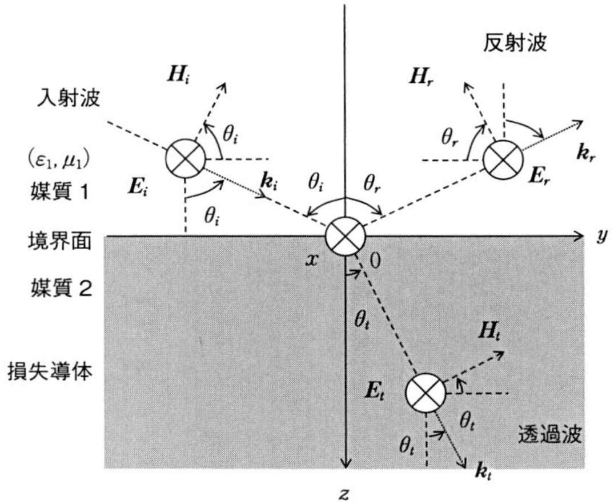

図 2.21　導電性媒質への TE 波の斜入射

で接している場合を考える．媒質1と媒質2はそれぞれ $z \leq 0$ と $z \geq 0$ の領域である．媒質1，媒質2の誘電率，透磁率はそれぞれ (ε_1, μ_1)，(ε_2, μ_2) である．媒質1は無損失(σ_1 を含む項を考慮しない)とする．媒質2の導電率は σ_2 であり，**導電性媒質**とは $\sigma_2 \gg \omega\varepsilon_2$ の媒質である．また，**誘電性媒質**とは $\sigma_2 \ll \omega\varepsilon_2$ の媒質である．角周波数 ω の大きさによって，媒質は導電性にも誘電性にもなる．

式(1.45)の拡張されたアンペールの法則に，式(1.2)の誘電率，式(1.3)の導電率の関係式を代入すると次式が得られる．

$$\nabla \times \boldsymbol{H} = \sigma_2 \boldsymbol{E} + j\omega\varepsilon_2 \boldsymbol{E} = (\sigma_2 + j\omega\varepsilon_2)\boldsymbol{E} = j\omega\left(\varepsilon_2 - j\frac{\sigma_2}{\omega}\right)\boldsymbol{E} = j\omega\dot{\varepsilon}_2 \boldsymbol{E} \tag{2.131}$$

ここで，$\dot{\varepsilon}_2$ を**複素誘電率**という．

導電性媒質では $\sigma_2 \gg \omega\varepsilon_2$ であるので，$\dot{\varepsilon}_2$ は $-j\sigma_2/\omega$ と近似できる．また，媒質2での（複素）波数 $\dot{k}_2$ は次式になる．

$$\dot{k}_2 = \omega\sqrt{\mu_2\dot{\varepsilon}_2} \cong \omega\sqrt{\mu_2\frac{-j\sigma_2}{\omega}} = \sqrt{\omega\mu_2\sigma_2}\sqrt{-j} = \sqrt{\frac{\omega\mu_2\sigma_2}{2}}(1-j) = k_2\sqrt{\frac{\sigma_2}{2\omega\varepsilon_2}}(1-j) \tag{2.132}$$

$\sigma_2 \gg \omega\varepsilon_2$ なので，$\dot{k}_2$ の大きさは極めて大きくなる．そのため，式(2.94)のスネルの法則において $\sin\theta_t \cong 0$，すなわち $\theta_t \cong 0$ となる．媒質2での電界と磁界は，それぞれ式(2.89)，(2.90)から次式になる．

$$\boldsymbol{E}_t = C\hat{\boldsymbol{x}}\exp(-j\dot{k}_2 z) \tag{2.133}$$

$$\boldsymbol{H}_t = \frac{C}{\dot{Z}_2}\hat{\boldsymbol{y}}\exp(-j\dot{k}_2 z) \tag{2.134}$$

媒質2での電界と磁界は導体表面から離れるにつれて減衰する．減衰の程度を表すものとして，電磁界の振幅が導体表面から $1/e$ 倍になる距離を**表皮の厚さ** δ といい，次式で与えられる．

$$\delta = \sqrt{\frac{2}{\omega\mu_2\sigma_2}} \tag{2.135}$$

式(2.134)における波動インピーダンス $\dot{Z}_2$ は次式で与えられる．

$$\dot{Z}_2 = \sqrt{\frac{\mu_2}{\dot{\varepsilon}_2}} \cong \sqrt{\frac{j\omega\mu_2}{\sigma_2}} = \sqrt{\frac{\omega\mu_2}{\sigma_2}}\sqrt{j} = \sqrt{\frac{\omega\mu_2}{2\sigma_2}}(1+j) \tag{2.136}$$

式(2.136)の実部 $\sqrt{\dfrac{\omega\mu_2}{2\sigma_2}}$ が**導体抵抗**である．

導電性媒質への斜入射の場合，完全導体とは異なり媒質2に電磁界が存在する．また，全反射とは異なり媒質2の電磁界はエネルギーをもつ．

◇演習問題◇

2.1 式(2.6)と式(2.7)の組と，式(2.8)と式(2.9)の組を導出せよ．また，式(2.10)も導出せよ．

2.2 式(2.18)と式(2.19)で与えられる偏波単位ベクトルがそれぞれ右旋円偏波と左旋円偏波を表すことを示せ．

2.3 式(2.115)を導出せよ．

2.4 式(2.116)を導出せよ．

2.5 図2.19において，完全導体平面へTM波が入射した場合の媒質1での電界と磁界を求めよ．また，完全導体表面上の線電流密度を求めよ．

3 アンテナの基本特性

本章では微小電流ダイポールからの放射とアンテナの基本的な特性を表す評価指標について述べる．はじめに，ベクトルポテンシャルを用いて電流源から放射される電界および磁界の求める方法を説明し，この方法を用いて微小電流ダイポールから放射される電磁界を導出する．次に，アンテナの基本的な評価指標として用いられている指向性，放射抵抗，入力インピーダンス，実効開口面積，利得等について説明する．最後に，回線設計に利用されるフリスの伝達公式を説明する．

3.1 波源からの放射

3.1.1 波源のある定常電磁界の波動方程式

波源 $\boldsymbol{j}_s$，ρ が存在する場合のマクスウェルの方程式を考える．媒質は誘電率の関係式(1.2)，透磁率の関係式(1.4)を満たすとする．また，媒質は無損失とし $\sigma=0$ とする．角周波数 ω の正弦波電磁界の複素表示式(1.44)を導入する．これらをマクスウェルの方程式(1.6)，(1.8)，(1.10)，(1.14)に代入して整理すると次式のようになる．

$$\nabla\times\boldsymbol{H}=\boldsymbol{j}_s+j\omega\varepsilon\boldsymbol{E} \tag{3.1}$$

$$\nabla\times\boldsymbol{E}=-j\omega\mu\boldsymbol{H} \tag{3.2}$$

$$\nabla\cdot\boldsymbol{E}=\frac{\rho}{\varepsilon} \tag{3.3}$$

$$\nabla\cdot\boldsymbol{H}=0 \tag{3.4}$$

$$\nabla\cdot\boldsymbol{j}_s=-j\omega\rho \tag{3.5}$$

マクスウェルの方程式はシンプルになったが，依然として $\boldsymbol{E}$ と $\boldsymbol{H}$ の連立方程式である．そこで，$\boldsymbol{E}$ または $\boldsymbol{H}$ の一方を消去して，$\boldsymbol{E}$ または $\boldsymbol{H}$ のみの方程式を導出する．

式(3.2)の回転をとると，

$$\nabla\times\nabla\times\boldsymbol{E}=-j\omega\mu(\nabla\times\boldsymbol{H}) \tag{3.6}$$

となる．ここで，左辺はベクトル公式(A.3)により変形する．右辺は式(3.1)

を用いて $\boldsymbol{H}$ を消去する．

$$\nabla(\nabla\cdot\boldsymbol{E})-\nabla^2\boldsymbol{E}=-j\omega\mu(\boldsymbol{j}_s+j\omega\varepsilon\boldsymbol{E})$$
$$=-j\omega\mu\boldsymbol{j}_s+\omega^2\varepsilon\mu\boldsymbol{E} \tag{3.7}$$

左辺に式(3.3)を代入し，また，$\omega^2\varepsilon\mu=k^2$ であるので，

$$\nabla^2\boldsymbol{E}+k^2\boldsymbol{E}=j\omega\mu\boldsymbol{j}_s+\frac{1}{\varepsilon}\nabla\rho \tag{3.8}$$

が得られる．

一方，式(3.1)の回転をとると，

$$\nabla\times\nabla\times\boldsymbol{H}=\nabla\times\boldsymbol{j}_s+j\omega\varepsilon(\nabla\times\boldsymbol{E}) \tag{3.9}$$

となる．ここで，左辺はベクトル公式(A.3)により変形する．右辺は式(3.2)を用いて $\boldsymbol{E}$ を消去する．

$$\nabla(\nabla\cdot\boldsymbol{H})-\nabla^2\boldsymbol{H}=\nabla\times\boldsymbol{j}_s+j\omega\varepsilon(-j\omega\mu\boldsymbol{H})$$
$$=\nabla\times\boldsymbol{j}_s+\omega^2\varepsilon\mu\boldsymbol{H} \tag{3.10}$$

左辺に式(3.4)を代入し，整理すると，

$$\nabla^2\boldsymbol{H}+k^2\boldsymbol{H}=-\nabla\times\boldsymbol{j}_s \tag{3.11}$$

が得られる．

式(3.8)と式(3.11)はベクトルの波動方程式であり，解くことは容易でない．そこで，波源 $\boldsymbol{j}_s$ と ρ から $\boldsymbol{E}$ と $\boldsymbol{H}$ を直接求めるのではなく，ベクトルポテンシャル $\boldsymbol{A}$ とスカラーポテンシャル ϕ を導入して $\boldsymbol{E}$ と $\boldsymbol{H}$ を求める．$\nabla\cdot\boldsymbol{H}=0$ であることから，磁界 $\boldsymbol{H}$ はベクトルポテンシャル $\boldsymbol{A}$ の回転で表現できる．そこで，

$$\boldsymbol{H}=\frac{1}{\mu}\nabla\times\boldsymbol{A} \tag{3.12}$$

とおく．これを式(3.2)に代入して $\boldsymbol{H}$ を消去すると

$$\nabla\times\boldsymbol{E}=-j\omega\nabla\times\boldsymbol{A}$$
$$\therefore\ \nabla\times(\boldsymbol{E}+j\omega\boldsymbol{A})=0 \tag{3.13}$$

$\boldsymbol{E}+j\omega\boldsymbol{A}$ の回転が 0 であることから，$\boldsymbol{E}+j\omega\boldsymbol{A}$ はスカラーポテンシャル ϕ の勾配で表現できる．そこで，

$$\boldsymbol{E}+j\omega\boldsymbol{A}=-\nabla\phi \tag{3.14}$$

とおく．この式を式(3.1)に代入して $\boldsymbol{E}$ と $\boldsymbol{H}$ を消去すると，

$$\nabla\times\left(\frac{1}{\mu}\nabla\times\boldsymbol{A}\right)=\boldsymbol{j}_s+j\omega\varepsilon(-j\omega\boldsymbol{A}-\nabla\phi)$$

$$\nabla(\nabla\cdot\boldsymbol{A})-\nabla^2\boldsymbol{A}=\mu\boldsymbol{j}_s+\omega^2\varepsilon\mu\boldsymbol{A}-j\omega\varepsilon\mu\nabla\phi$$

$$\nabla^2\boldsymbol{A}+k^2\boldsymbol{A}=-\mu\boldsymbol{j}_s-\nabla(\nabla\cdot\boldsymbol{A}+j\omega\varepsilon\mu\phi) \tag{3.15}$$

と変形できる．ここで，改めてベクトルポテンシャル $\boldsymbol{A}$ に注目すると，$\nabla\times\boldsymbol{A}$ は使用しているが，$\nabla\cdot\boldsymbol{A}$ は使用していないので，ヘルムホルツの定理より，$\nabla\cdot\boldsymbol{A}$ は自由に決めてよい．そこで，

$$\nabla\cdot\boldsymbol{A}+j\omega\varepsilon\mu\phi=0 \tag{3.16}$$

とおく．この式を**ローレンツ条件**という．

ローレンツ条件を用いると

$$\nabla^2\boldsymbol{A}+k^2\boldsymbol{A}=-\mu\boldsymbol{j}_s \tag{3.17}$$

を得る．また，式(3.3)において式(3.14)より $\boldsymbol{E}$ を消去すると，

$$\nabla\cdot(-\nabla\phi-j\omega\boldsymbol{A})=\frac{\rho}{\varepsilon}$$

$$-\nabla^2\phi-j\omega\nabla\cdot\boldsymbol{A}=\frac{\rho}{\varepsilon}$$

$$-\nabla^2\phi-j\omega(-j\omega\varepsilon\mu\phi)=\frac{\rho}{\varepsilon}$$

$$\nabla^2\phi+k^2\phi=-\frac{\rho}{\varepsilon} \tag{3.18}$$

となる．このようにして，ベクトルポテンシャル $\boldsymbol{A}$ とスカラーポテンシャル ϕ の波動方程式が得られた．これらの波動方程式から，電流源 $\boldsymbol{j}_s$ がベクトルポテンシャル $\boldsymbol{A}$ をつくり，電荷源 ρ がスカラーポテンシャル ϕ をつくると考えられる．また，式(3.17)のベクトルポテンシャル $\boldsymbol{A}$ の波動方程式はベクトルの方程式のように見えるが，実は x 成分，y 成分，z 成分が分離された3本のスカラー方程式である．この形の波動方程式は自由空間であれば容易に解ける．この波動方程式を解いて $\boldsymbol{A}$ が求められれば，$\boldsymbol{E}$ と $\boldsymbol{H}$ は次の式で計算できる．

$$\boldsymbol{E}=-j\omega\boldsymbol{A}-\nabla\phi=-j\omega\boldsymbol{A}-\nabla\left(\frac{\nabla\cdot\boldsymbol{A}}{-j\omega\varepsilon\mu}\right)$$

$$=-j\omega\left(\boldsymbol{A}+\frac{1}{k^2}\nabla\nabla\cdot\boldsymbol{A}\right) \tag{3.19}$$

$$\boldsymbol{H}=\frac{1}{\mu}\nabla\times\boldsymbol{A} \tag{3.20}$$

スカラーポテンシャル ϕ はローレンツ条件によって消去されたので，$\boldsymbol{E}$ と

$\boldsymbol{H}$ を求めるにはベクトルポテンシャル $\boldsymbol{A}$ のみが必要であり，スカラーポテンシャル ϕ は不要であることがわかる．これは，電流源 $\boldsymbol{j}_s$ と電荷源 ρ の関係は電流連続の式(1.11)で関連付けられているため，波源として電流源 $\boldsymbol{j}_s$ または電荷源 ρ の一方が与えられればよいためである．アンテナの解析では，波源として電流源 $\boldsymbol{j}_s$ を用いることが一般的であるので，ベクトルポテンシャル $\boldsymbol{A}$ が一般に用いられる．

3.1.2　自由空間における波動方程式の解

ベクトルポテンシャルの波動方程式 $\nabla^2\boldsymbol{A}+k^2\boldsymbol{A}=-\mu\boldsymbol{j}_s$ は 3 本のスカラーの波動方程式である．成分で表すと次のようになる．

$$\nabla^2 A_x+k^2A_x=-\mu j_{sx} \tag{3.21}$$

$$\nabla^2 A_y+k^2A_y=-\mu j_{sy} \tag{3.22}$$

$$\nabla^2 A_z+k^2A_z=-\mu j_{sz} \tag{3.23}$$

電流源 $\boldsymbol{j}_s$ の x 成分，y 成分，z 成分がそれぞれベクトルポテンシャル $\boldsymbol{A}$ の x 成分，y 成分，z 成分をつくることがわかる．したがって，次の形のスカラーの波動方程式を解けばよい．

$$\nabla^2\phi(\boldsymbol{r})+k^2\phi(\boldsymbol{r})=-\rho(\boldsymbol{r}) \tag{3.24}$$

ここでは，グリーン関数を利用する．**グリーン関数** $G(\boldsymbol{r}, \boldsymbol{r}')$ とは，波動方程式の右辺の項を**デルタ関数**とした場合の波動方程式の解であり，$\boldsymbol{r}=\boldsymbol{r}'$ の位置に置かれた点波源に対する応答を表す．

$$\nabla^2 G(\boldsymbol{r}, \boldsymbol{r}')+k^2G(\boldsymbol{r}, \boldsymbol{r}')=-\delta(\boldsymbol{r}-\boldsymbol{r}') \tag{3.25}$$

ただし，$\boldsymbol{r}$ は観測点の座標系，$\boldsymbol{r}'$ は波源の座標系である．

グリーン関数 $G(\boldsymbol{r}, \boldsymbol{r}')$ を利用すると，波動方程式(3.24)の解は次式で与えられることが知られている．

$$\phi(\boldsymbol{r})=\int_V G(\boldsymbol{r}, \boldsymbol{r}')\rho(\boldsymbol{r}')dv' \tag{3.26}$$

さて次に，三次元自由空間のグリーン関数を求める．原点に点波源が存在していると仮定すると（$\boldsymbol{r}'=0$），式(3.24)は次式のようになる．

$$\nabla^2 G(\boldsymbol{r})+k^2G(\boldsymbol{r})=-\delta(\boldsymbol{r}) \tag{3.27}$$

自由空間では，対称性から $G(\boldsymbol{r})$ は r のみの関数となる．球座標系でのラプラシアンの式(D.1)を用いると，式(3.27)は

$$\frac{1}{r^2}\cdot\frac{d}{dr}\left(r^2\frac{dG(r)}{dr}\right)+k^2G(r)=-\delta(r) \tag{3.28}$$

と変形できる．原点近傍を除けば，右辺は 0 であるから $G=u/r$ とおいて変形すると，

$$\frac{1}{r^2}\cdot\frac{d}{dr}\left(r^2\frac{d}{dr}\left(\frac{u}{r}\right)\right)+k^2\frac{u}{r}=\frac{1}{r^2}\cdot\frac{d}{dr}\left(r^2\cdot\frac{u'r-u}{r^2}\right)+k^2\frac{u}{r}$$

$$=\frac{1}{r^2}\cdot(u''r+u'-u')+k^2\frac{u}{r}=\frac{1}{r}(u''+k^2u)=0$$

$$\therefore\ u''+k^2u=0$$

$$\therefore\ u=rG=M\exp(-jkr)+N\exp(+jkr)$$

$$\therefore\ G=M\frac{\exp(-jkr)}{r}+N\frac{\exp(+jkr)}{r} \tag{3.29}$$

式(3.29)の第 1 項は $+r$ 方向に伝搬する波（原点から無限遠へ向かう波），第 2 項は $-r$ 方向に伝搬する波（無限遠から原点へ向かう波）を表す．三次元自由空間では第 2 項は解として適さない．したがって，

$$G(r)=M\frac{\exp(-jkr)}{r} \tag{3.30}$$

を得る．

定数 M は式(3.26)の波動方程式 $(\nabla^2G+k^2G=-\delta)$ を，原点を含む微小球内で体積積分して決定される．

$$\int_V\nabla^2Gdv=\oint_S\nabla G\cdot\hat{\boldsymbol{n}}ds$$

$$=\nabla G\cdot\hat{\boldsymbol{r}}4\pi r^2$$

$$=\left(M\frac{-jk\exp(-jkr)\cdot r-\exp(-jkr)\cdot 1}{r^2}\hat{\boldsymbol{r}}\right)\cdot\hat{\boldsymbol{r}}4\pi r^2$$

$$=-4\pi M(jkr+1)\exp(-jkr)\quad\rightarrow -4\pi M\qquad(r\rightarrow 0) \tag{3.31}$$

$$\int_V k^2Gdv=k^2\int_0^r M\frac{\exp(-jkr)}{r}\cdot 4\pi r^2dr$$

$$=4\pi Mk^2\int_0^r\{r\exp(-jkr)\}dr$$

$$=4\pi Mk^2\left\{-\frac{1}{jk}r\exp(-jkr)+\frac{1}{k^2}(\exp(-jkr)-1)\right\}\ (\because\ 部分積分)$$

$$\rightarrow 0\qquad(r\rightarrow 0) \tag{3.32}$$

$$\int_V(-\delta)dv=-1 \tag{3.33}$$

であるから，$r\rightarrow 0$ の極限をとると，

$$-4\pi M = -1$$

$$M = \frac{1}{4\pi}$$

$$\therefore \ G(r) = \frac{\exp(-jkr)}{4\pi r} \tag{3.34}$$

となる．一般に，波源の座標を $\boldsymbol{r}'$ とすると $r = |\boldsymbol{r} - \boldsymbol{r}'|$ として次のようになる．

$$G(\boldsymbol{r}, \boldsymbol{r}') = \frac{\exp(-jk|\boldsymbol{r} - \boldsymbol{r}'|)}{4\pi|\boldsymbol{r} - \boldsymbol{r}'|} \tag{3.35}$$

したがって，ベクトルポテンシャルの波動方程式 $\nabla^2\boldsymbol{A} + k^2\boldsymbol{A} = -\mu\boldsymbol{j}_s$ の解は次式で与えられる．

$$\boldsymbol{A} = \frac{\mu}{4\pi}\int_V \boldsymbol{j}_s \frac{\exp(-jkr)}{r} dv' \tag{3.36}$$

ただし，r は波源と観測点の距離である．

3.2 微小ダイポールからの放射

図 3.1 に示すように，座標原点に z 軸方向に沿って微小な長さ l の一定の電流 I が流れているとする．これを**微小（電流）ダイポール**という．微小ダイポールは線状アンテナを微小区間で分割した 1 つを取り出したものと考えられる．以下，微小ダイポールから放射される電磁界を求める．微小ダイポールの電流分布 $\boldsymbol{j}_s$ は次式で与えられる．

$$\boldsymbol{j}_s = \hat{\boldsymbol{z}} I\delta(x)\delta(y)f(z) \tag{3.37}$$

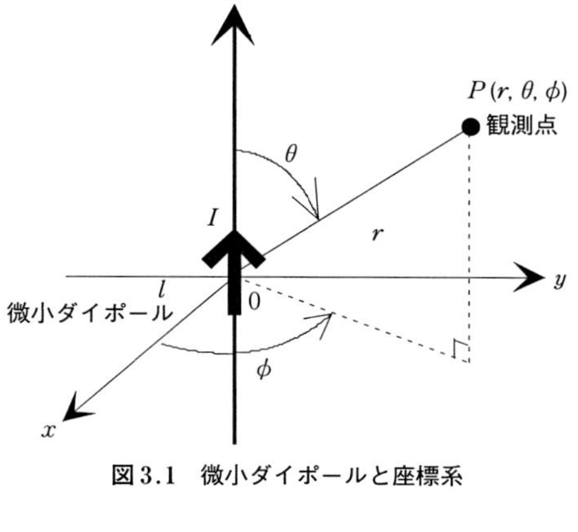

図 3.1 微小ダイポールと座標系

$$f(z)=\begin{cases}1, & 0\leq z\leq l\\ 0, & \text{elsewhere}\end{cases} \tag{3.38}$$

$$dv=dx\,dy\,dz \qquad l\ll kr \tag{3.39}$$

はじめに，この電流分布 $\boldsymbol{j}_s$ によって観測点 $\mathrm{P}(r,\ \theta,\ \phi)$ につくられるベクトルポテンシャル $\boldsymbol{A}$ を求める．

$$\begin{aligned}\boldsymbol{A}&=\frac{\mu}{4\pi}\int_V \boldsymbol{j}_s\frac{\exp(-jkr)}{r}dv\\ &\cong\frac{\mu}{4\pi}\cdot\frac{\exp(-jkr)}{r}\hat{\boldsymbol{z}}I\int_0^l\delta(x)\delta(y)f(z)\,dx\,dy\,dz\\ &=\frac{\mu Il\exp(-jkr)}{4\pi r}\hat{\boldsymbol{z}}\equiv A_z\hat{\boldsymbol{z}} \qquad \left(\because\ \int_0^l\delta(x)\delta(y)f(z)\,dx\,dy\,dz=l\right)\end{aligned} \tag{3.40}$$

ここで，r は波源の位置と観測点の距離であるが，$l\ll kr$ であるので $\exp(-jkr)/r$ は定数と見なせる．$\hat{\boldsymbol{z}}=\cos\theta\hat{\boldsymbol{r}}+(-\sin\theta)\hat{\boldsymbol{\theta}}$ を用いてベクトルポテンシャルを極座標系に変換すると次式が得られる．

$$\boldsymbol{A}=A_z\cos\theta\hat{\boldsymbol{r}}-A_z\sin\theta\hat{\boldsymbol{\theta}} \tag{3.41}$$

次に，磁界 $\boldsymbol{H}$ を求める．

$$\boldsymbol{H}=\frac{1}{\mu}\nabla\times\boldsymbol{A} \tag{3.42}$$

により，磁界 $\boldsymbol{H}$ の各成分を極座標系で計算する．$A_\phi=0$, $\partial/\partial\phi=0$ であることに注意して計算すると

$$\mu H_r=\frac{1}{r\sin\theta}\left\{\frac{\partial}{\partial\theta}(\sin\theta A_\phi)-\frac{\partial}{\partial\phi}(A_\theta)\right\}=0 \tag{3.43}$$

$$\mu H_\theta=\frac{1}{r}\left\{\frac{1}{\sin\theta}\cdot\frac{\partial}{\partial\phi}A_r-\frac{\partial}{\partial r}(rA_\phi)\right\}=0 \tag{3.44}$$

$$\mu H_\phi=\frac{1}{r}\left\{\frac{\partial}{\partial r}(rA_\theta)-\frac{\partial}{\partial\theta}(A_r)\right\} \tag{3.45}$$

のようになり，$H_r=H_\theta=0$ である．H_ϕ の第1項と第2項をそれぞれ計算すると，

$$\begin{aligned}\frac{\partial}{\partial r}(rA_\theta)&=\frac{\mu Il}{4\pi}(-\sin\theta)\frac{\partial}{\partial r}\{\exp(-jkr)\}\\ &=\frac{\mu Il}{4\pi}\sin\theta\cdot jk\exp(-jkr)\end{aligned} \tag{3.46}$$

$$\frac{\partial}{\partial\theta}A_r=\frac{\mu Il\exp(-jkr)}{4\pi r}\cdot\frac{\partial}{\partial\theta}(\cos\theta)$$

$$=\frac{\mu Il\exp(-jkr)}{4\pi r}\cdot(-\sin\theta) \tag{3.47}$$

であるから，H_ϕ は次のようになる．

$$H_\phi=\frac{1}{\mu r}\cdot\frac{\mu Il\exp(-jkr)}{4\pi}\left(jk\sin\theta+\frac{\sin\theta}{r}\right)$$
$$=\frac{Il\exp(-jkr)}{4\pi}\left(\frac{jk}{r}+\frac{1}{r^2}\right)\sin\theta \tag{3.48}$$

さらに，電界 $\boldsymbol{E}$ については，$\boldsymbol{E}=-j\omega\left(\boldsymbol{A}+\frac{1}{k^2}\nabla\nabla\cdot\boldsymbol{A}\right)$ を順番に計算する．

$$\nabla\cdot\boldsymbol{A}=\nabla\cdot(A_z\hat{\boldsymbol{z}})$$
$$=\frac{\mu Il}{4\pi}\hat{\boldsymbol{z}}\cdot\nabla\left\{\frac{\exp(-jkr)}{r}\right\}$$
$$=\frac{\mu Il}{4\pi}\hat{\boldsymbol{z}}\cdot\hat{\boldsymbol{r}}\frac{(-jkr-1)\exp(-jkr)}{r^2}$$
$$=\frac{\mu Il\exp(-jkr)}{4\pi}\left(-\frac{jk}{r}-\frac{1}{r^2}\right)\cos\theta \qquad (\because\ \hat{\boldsymbol{z}}\cdot\hat{\boldsymbol{r}}=\cos\theta) \tag{3.49}$$

$$\nabla\nabla\cdot\boldsymbol{A}=\hat{\boldsymbol{r}}\frac{\partial}{\partial r}(\nabla\cdot\boldsymbol{A})+\hat{\boldsymbol{\theta}}\frac{1}{r}\cdot\frac{\partial}{\partial\theta}(\nabla\cdot\boldsymbol{A})+\hat{\boldsymbol{\phi}}\frac{1}{r\sin\theta}\cdot\frac{\partial}{\partial\phi}(\nabla\cdot\boldsymbol{A}) \tag{3.50}$$

各成分を計算すると，

$$[r\text{ 成分}]=\frac{\mu Il}{4\pi}\cos\theta\frac{\partial}{\partial r}\left\{-jk\frac{\exp(-jkr)}{r}-\frac{\exp(-jkr)}{r^2}\right\}$$
$$=\frac{\mu Il}{4\pi}\cos\theta\left\{-jk\frac{(-jkr-1)\exp(-jkr)}{r^2}-\frac{(-jkr-2)\exp(-jkr)}{r^3}\right\}$$
$$=\frac{\mu Il\exp(-jkr)}{4\pi}\left(-\frac{k^2}{r}+\frac{2jk}{r^2}+\frac{2}{r^3}\right)\cos\theta \tag{3.51}$$

$$[\theta\text{ 成分}]=\frac{1}{r}\cdot\frac{\mu Il\exp(-jkr)}{4\pi}\left(-\frac{jk}{r}-\frac{1}{r^2}\right)\frac{\partial}{\partial\theta}(\cos\theta)$$
$$=\frac{\mu Il\exp(-jkr)}{4\pi}\left(\frac{jk}{r^2}+\frac{1}{r^3}\right)\sin\theta \tag{3.52}$$

$$[\phi\text{ 成分}]=\frac{1}{r\sin\theta}\cdot\frac{\partial}{\partial\phi}(\nabla\cdot\boldsymbol{A})=0 \qquad \left(\because\ \frac{\partial}{\partial\phi}=0\right) \tag{3.53}$$

よって，電界 $\boldsymbol{E}$ の各成分は次のようになる．

$$E_r=-j\omega\left\{\frac{\mu Il\exp(-jkr)}{4\pi r}\cos\theta+\frac{1}{k^2}\frac{\mu Il\exp(-jkr)}{4\pi}\left(-\frac{k^2}{r}+\frac{2jk}{r^2}+\frac{2}{r^3}\right)\cos\theta\right\}$$
$$=-j\omega\frac{\mu Il\exp(-jkr)}{4\pi k^2}\left(\frac{2jk}{r^2}+\frac{2}{r^3}\right)\cos\theta \tag{3.54}$$

$$E_\theta = -j\omega\left\{-\frac{\mu Il\exp(-jkr)}{4\pi r}\sin\theta + \frac{1}{k^2}\frac{\mu Il\exp(-jkr)}{4\pi}\cdot\left(\frac{jk}{r^2}+\frac{1}{r^3}\right)\sin\theta\right\}$$

$$= -j\omega\frac{\mu Il\exp(-jkr)}{4\pi k^2}\left(-\frac{k^2}{r}+\frac{jk}{r^2}+\frac{1}{r^3}\right)\sin\theta \quad (3.55)$$

$$E_\phi = 0 \quad (3.56)$$

電界と磁界の各成分は原点からの距離 r の関して，次の 3 つの項があることがわかる．

$\frac{1}{r^3}$ の項…**準静電界**（微小ダイポールがつくる静電界に対応する項）

$\frac{1}{r^2}$ の項…**誘導界**（ビオ・サバールの法則に対応する項）

$\frac{1}{r}$ の項…**放射界**（波動方程式によって導出される項）

準静電界，誘導界，放射界の大小関係を図 3.2 に示す．$kr=1$ のとき，すなわち，$r=\lambda/2\pi\cong\lambda/6$ の点で，3 つの項の大きさは等しくなる．波源近傍では準静電界が支配的となり，波源から遠方では放射界が支配的となる．そのため，放射界は**遠方界**ともよばれる．無線通信で主に用いられるのは遠方で支配的となる放射界である．放射界のみを取り出して，書き直すと次のようになる．

$kr\gg 1$ の場合，

$$E_\theta = \frac{j\omega\mu Il}{4\pi}\cdot\frac{\exp(-jkr)}{r}\sin\theta = \frac{jkZIl}{4\pi}\cdot\frac{\exp(-jkr)}{r}\sin\theta \quad (3.57)$$

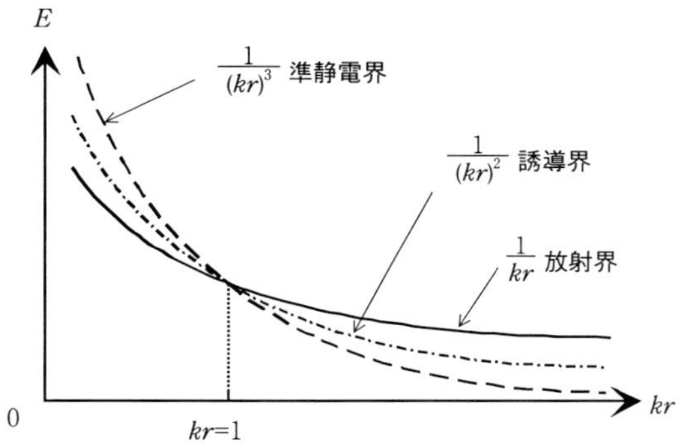

図 3.2 準静電界，誘導界，放射界の大きさの変化

$$H_\phi=\frac{jkIl}{4\pi}\cdot\frac{\exp(-jkr)}{r}\sin\theta \tag{3.58}$$

$$E_r=E_\phi=H_r=H_\theta=0 \tag{3.59}$$

$$\frac{E_\theta}{H_\phi}=Z=\sqrt{\frac{\mu}{\varepsilon}} \tag{3.60}$$

放射界における電界と磁界は平面波の関係が成り立っている.

3.3 微小ダイポールのアンテナパラメータ

アンテナの特性を表すパラメータは，反射特性（入力インピーダンス），指向性（放射パターン），利得が代表的なものであるが，アンテナの種類や特徴によって様々な指標が用いられる．ここでは，微小ダイポールを例として，アンテナの基本的なパラメータを説明する.

3.3.1 指向性

前項で説明したように，図 3.3 の微小ダイポールの放射界（$kr\gg1$）は次式（式(3.57)～(3.60)を参照）で与えられる.

$$E_\theta=\frac{jkZIl}{4\pi}\frac{\exp(-jkr)}{r}\sin\theta$$

$$H_\phi=\frac{jkIl}{4\pi}\frac{\exp(-jkr)}{r}\sin\theta=\frac{E_\theta}{Z}$$

ただし，$k=2\pi/\lambda$, $Z=\sqrt{\mu_0/\varepsilon_0}\cong120\pi$（真空中の場合）である.

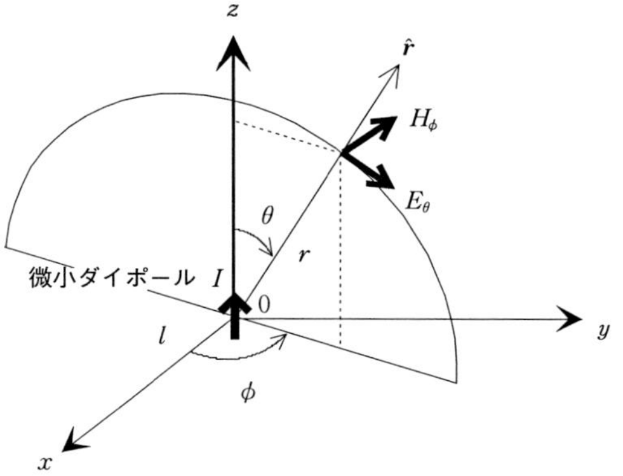

図 3.3 微小ダイポールの放射界

アンテナの遠方界（$kr \gg 1$）は，一般に

$$E(r,\theta,\phi)=A\frac{\exp(-jkr)}{r}D(\theta,\phi) \tag{3.61}$$

の形式となる．つまり，（定数項）×（r の関数 $\exp(-jkr)/r$）×（方向を表す θ と ϕ の関数）の形となる．θ と ϕ の関数の項 $D(\theta,\phi)$ を指向性関数あるいは単に**指向性**という．通常は最大値で規格化して

$$D(\theta,\phi)=\left|\frac{E(r,\theta,\phi)}{E_{\max}(r,\theta_0,\phi_0)}\right| \tag{3.62}$$

のように書く．これをデシベルの単位で表すと，

$$D_{\mathrm{dB}}(\theta,\phi)=10\log\left|\frac{E(r,\theta,\phi)}{E_{\max}(r,\theta_0,\phi_0)}\right|^2 \ [\mathrm{dB}] \tag{3.63}$$

と表せる．なお，(θ_0,ϕ_0) は最大放射方向である．

3.3.2　放射パターン

指向性を図示したものを**放射パターン**という．微小ダイポールの放射パターンの表現式は $D(\theta,\phi)=|\sin\theta|$ である．これを立体的に図示すると，図 3.4 のようなドーナツのような形状である．立体的な図を描くのは大変なので，通常は立体的な放射パターンをある面でカットした平面図で表し（図 3.5），これを**カット面**という．直線偏波のアンテナの場合は最大放射方向の電界を含む面（電界面または **E 面**という），および，最大放射方向の磁界を含む面（磁界面または **H 面**という）の放射パターンを示すのが一般的である．z 軸方向を向

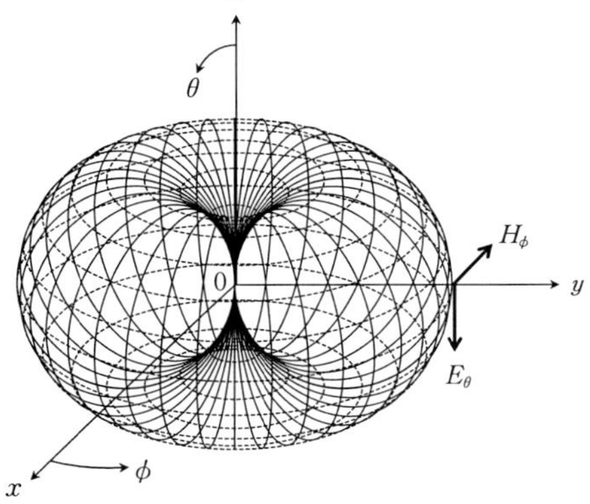

図 3.4　微小ダイポールの放射パターン（立体図）

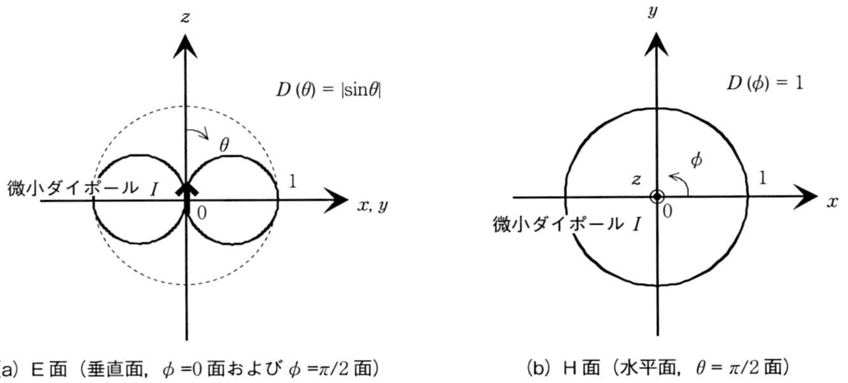

図 3.5　微小ダイポールの放射パターン（平面図）

いた微小ダイポールの場合，垂直面（zx 面と zy 面）がE 面，水平面（xy 面）が H 面となる．E 面は 8 の字のパターン，H 面は**無指向性**（omni-directional）のパターンとなる．なお，微小ダイポールの放射電界の成分（E_θ）を主偏波とよぶのに対して，それと直交する成分（E_ϕ）を交さ偏波という．

3.3.3　放射電力 P_r

ポインティングベクトル $\boldsymbol{S}$ の大きさは単位面積を通過する電力の大きさを表すから，アンテナから放射される電力は遠方界のポインティングベクトル $\boldsymbol{S}$ を半径 r の球面上で面積分することで求められる．

$$\boldsymbol{S}=\boldsymbol{E}\times\boldsymbol{H}^*=\frac{|E_\theta|^2}{Z}\hat{\boldsymbol{r}} \tag{3.64}$$

より，微小ダイポールの放射電力 P_r は次のように求められる．

$$\begin{aligned}P_r&=\int_0^{2\pi}\int_0^{\pi}\boldsymbol{S}\cdot\hat{\boldsymbol{r}}\,r^2\sin\theta\,d\theta\,d\phi\\&=\int_0^{2\pi}\int_0^{\pi}\frac{k^2ZI^2l}{16\pi^2r^2}\sin^2\theta\times r^2\sin\theta\,d\theta\,d\phi\\&=\frac{k^2ZI^2l^2}{8\pi}\int_0^{\pi}\sin^3\theta\,d\theta\end{aligned}$$

となり，$\sin^3\theta=(3\sin\theta-\sin 3\theta)/4$ を用いて計算すると，積分の計算は 4/3 となる．また，$k=2\pi/\lambda$, $Z=120\pi$ を代入して，P_r の計算結果は

$$P_r = 80\pi^2 I^2 \left(\frac{l}{\lambda}\right)^2 \qquad (3.65)$$

となる．

3.3.4 放射抵抗 R_r

アンテナから放射される電力を電気回路の抵抗で消費される電力に等しいと考えて，アンテナを電気回路の抵抗に置き換えたときの抵抗値を**放射抵抗**という．図 3.6 の給電点に流れ込む電流を I とすると，$P_r = R_r I^2$ より

$$R_r = 80\pi^2 \left(\frac{l}{\lambda}\right)^2 \qquad (3.66)$$

となる．微小ダイポールの放射抵抗は長さ l の 2 乗に比例する．ただし，$l/\lambda \ll 1$ であるので，微小ダイポールの放射抵抗は非常に小さい．つまり，ほとんど放射しない．

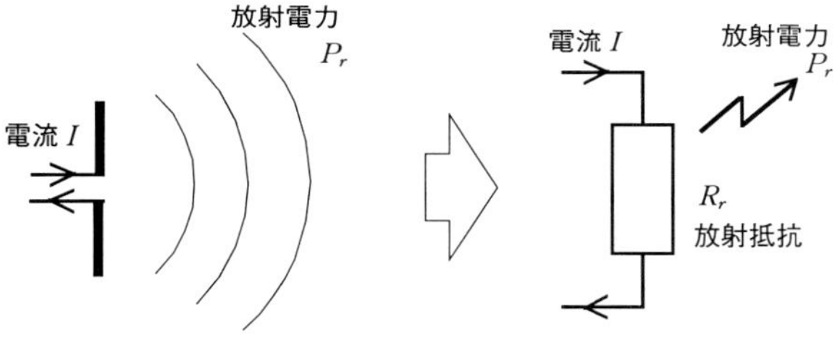

図 3.6 放射抵抗

3.4 線状アンテナ

3.4.1 指向性と放射パターン

次に，図 3.7 のように，アンテナの長さを波長と同程度，あるいは波長より大きくした直線状のアンテナを考える．給電点からアンテナに流れ込んだ電流はアンテナの先端で反射されて戻ってくるので，アンテナ上の電流分布はアンテナの先端で 0 となる定在波となる．したがって，長さ $2l$ の線状アンテナの電流分布 $I(z)$ は次の式で近似される．

$$I(z) = I \sin k(l - |z|) \qquad (-l \leq z \leq l) \qquad (3.67)$$

ただし，k は波数である．この電流分布 $I(z)$ から放射される放射界は，アン

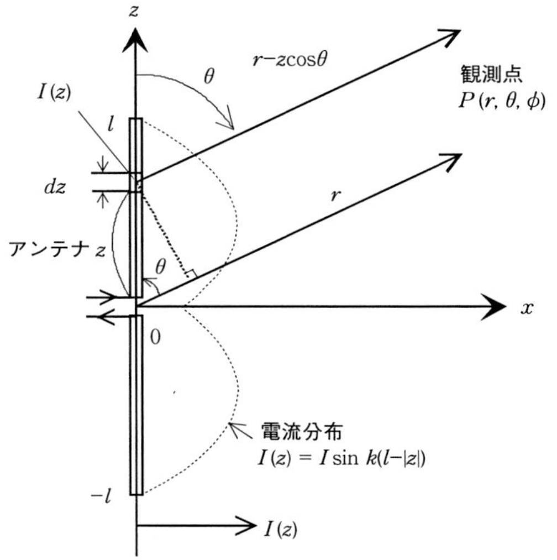

図 3.7 線状アンテナ

テナを微小区間に分割してできる微小ダイポール $I(z)dz$ の放射界の重ね合わせにより求められる．微小ダイポールの放射界 $E_\theta=\dfrac{jkZIl}{4\pi}\dfrac{\exp(-jkr)}{r}\sin\theta$ において，$Il\rightarrow I(z)dz$，$r\rightarrow r-z\cos\theta$ とおき換えて，

$$dE_\theta=\frac{jkZI(z)dz}{4\pi}\frac{\exp\{-jk(r-z\cos\theta)\}}{r-z\cos\theta}\sin\theta \qquad (3.68)$$

と書ける．これを $-l\leq z\leq l$ の区間で積分する．分母の $r-z\cos\theta$ は r と近似して，

$$E_\theta=\frac{jkZ\exp(-jkr)}{4\pi r}\sin\theta\int_{-l}^{l}I(z)\exp(jkz\cos\theta)dz \qquad (3.69)$$

となる．このとき，式(3.69)の後半の積分の計算は

$$\int_{-l}^{l}I(z)\exp(jkz\cos\theta)dz$$
$$=\int_{0}^{l}I\sin k(l-z)\exp(jkz\cos\theta)dz+\int_{-l}^{0}I\sin k(l+z)\exp(jkz\cos\theta)dz$$
$$=\int_{0}^{l}I\sin k(l-z)\exp(jkz\cos\theta)dz+\int_{0}^{l}I\sin k(l-z')\exp(-jkz'\cos\theta)dz'$$
$$=\int_{0}^{l}I\sin k(l-z)\times 2\cos(kz\cos\theta)dz$$

$$=\int_0^l [\sin\{k(l-z)+kz\cos\theta\}+\sin\{k(l-z)-kz\cos\theta\}]dz$$

$$=I\left[\frac{\cos\{k(l-z)+kz\cos\theta\}}{k(1-\cos\theta)}+\frac{\cos\{k(l-z)-kz\cos\theta\}}{k(1+\cos\theta)}\right]_0^l$$

$$=\frac{I}{k}\left\{\frac{\cos(kl\cos\theta)-\cos(kl)}{1-\cos\theta}+\frac{\cos(kl\cos\theta)-\cos(kl)}{1+\cos\theta}\right\}$$

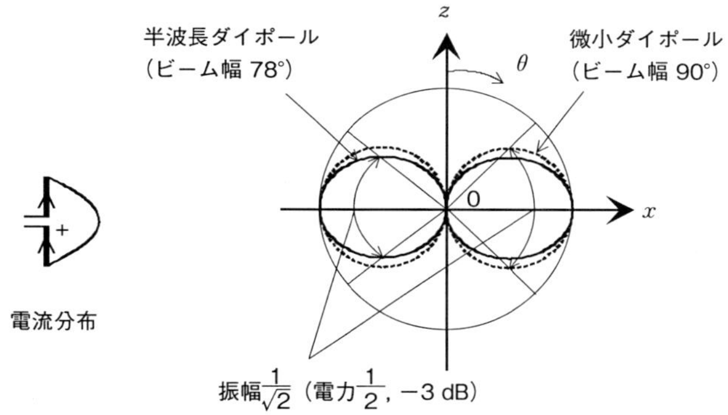

(a) 半波長ダイポール

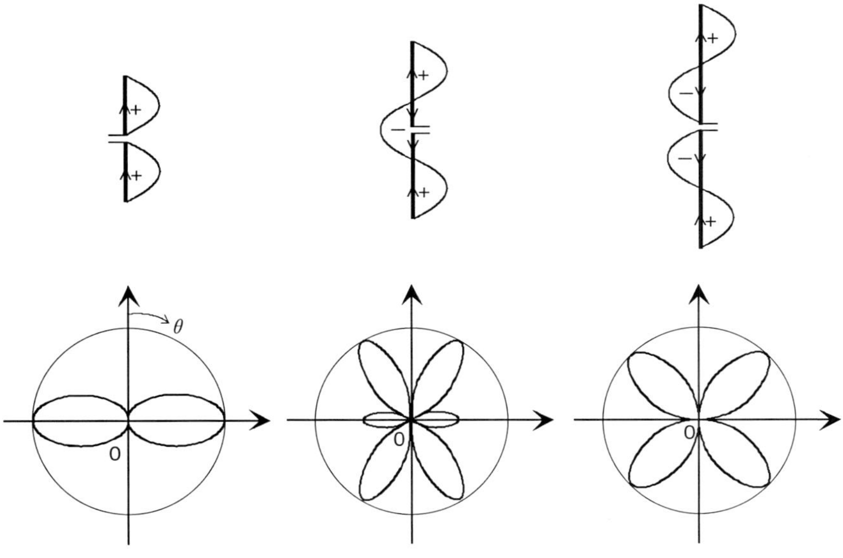

(b) 1 波長ダイポール　(c) 1.5 波長ダイポール　(d) 2 波長ダイポール

図 3.8 線状アンテナの電流分布と放射パターン

$$=\frac{I}{k}\frac{2\{\cos(kl\cos\theta)-\cos(kl)\}}{\sin^2\theta} \tag{3.70}$$

であるから，直線状アンテナの放射電界は次のようになる．

$$E_\theta=\frac{jkZ\exp(-jkr)}{4\pi r}\sin\theta\times\frac{2I}{k}\frac{\cos(kl\cos\theta)-\cos(kl)}{\sin^2\theta}$$
$$=\frac{jZI\exp(-jkr)}{2\pi r}\frac{\cos(kl\cos\theta)-\cos(kl)}{\sin\theta} \tag{3.71}$$

したがって，指向性は次式で与えられる．

$$D(\theta,\phi)=\left|\frac{\cos(kl\cos\theta)-\cos(kl)}{\sin\theta}\right| \tag{3.72}$$

特に，最も基本的なアンテナである半波長ダイポールアンテナ指向性は $2l=\lambda/2$ より，$kl=2\pi/\lambda\times\lambda/2=\pi/2$ を代入して得られる．

$$D(\theta,\phi)=\left|\frac{\cos\{(\pi/2)\cos\theta\}}{\sin\theta}\right| \tag{3.73}$$

E 面指向性を図示すると，次の図 3.8 ようになる．振幅が最大値の $1/\sqrt{2}$（電力で 1/2，デシベルで −3 dB）となる指向性の角度幅を **3 dB ビーム幅**という．電力半値幅，あるいは，単にビーム幅ということもある．微小ダイポールの 3 dB ビーム幅は 90° であるのに対して，半波長ダイポールのビーム幅は 78° である．

3.4.2 放射電力と放射抵抗

ここでは，半波長ダイポールの放射電力 P_r を求める．遠方界のポインティングベクトル $\boldsymbol{S}$ を半径 r の球面上で面積分すればよい．

$$\boldsymbol{S}=\boldsymbol{E}\times\boldsymbol{H}^*=\frac{|E_\theta|^2}{Z}\hat{\boldsymbol{r}}=\frac{ZI^2}{4\pi^2r^2}\frac{\cos^2\{(\pi/2)\cos\theta\}}{\sin^2\theta}\hat{\boldsymbol{r}} \tag{3.74}$$

より

$$P_r=\int_0^{2\pi}\int_0^{\pi}\boldsymbol{S}\cdot\hat{\boldsymbol{r}}\,r^2\sin\theta\,d\theta d\phi=\frac{ZI^2}{2\pi}\int_0^{\pi}\frac{\cos^2\{(\pi/2)\cos\theta\}}{\sin\theta}d\theta \tag{3.75}$$

と書くことができる．ここで，$\cos\theta=u$ と変数変換すると，$-\sin\theta d\theta=du$ より，

$$P_r=\frac{ZI^2}{4\pi}\int_{-1}^{1}\frac{1+\cos(\pi u)}{1-u^2}du$$
$$=\frac{ZI^2}{4\pi}\int_{-1}^{1}\frac{1}{2}\left(\frac{1}{1+u}+\frac{1}{1-u}\right)\{1+\cos(\pi u)\}du$$

と書ける．このとき，$\{1/(1+u)+1/(1-u)\}$ に関する積分を計算すると，1 項目と 2 項目で同じ値になるので，1/2 と相殺することができ，P_r の計算は

$$=\frac{ZI^2}{4\pi}\int_{-1}^{1}\frac{1+\cos(\pi u)}{1+u}du$$
$$=\frac{ZI^2}{4\pi}\int_{-1}^{1}\frac{1-\cos\{\pi(1+u)\}}{1+u}du \tag{3.76}$$

と表せる．さらに，$\pi(1+u)=v$ と変数変換して

$$P_r=\frac{ZI^2}{4\pi}\int_{0}^{2\pi}\frac{1-\cos v}{v}dv \tag{3.77}$$

となる．ここで，積分公式

$$C(x)=\int_{0}^{x}\frac{1-\cos v}{v}dv=\gamma+\ln x-Ci(x) \tag{3.78}$$

$$Ci(x)=-\int_{x}^{\infty}\frac{\cos t}{t}dt \qquad \text{（余弦積分）} \tag{3.79}$$

$$\gamma=0.5772\cdots \qquad \text{（オイラー定数）} \tag{3.80}$$

を用いれば，半波長ダイポールの放射電力は

$$P_r=\frac{ZI^2}{4\pi}\{\gamma+\ln(2\pi)-Ci(2\pi)\} \tag{3.81}$$

と書ける．よって，$P_r=R_rI^2$ より，半波長ダイポールの放射抵抗 R_r は

$$R_r=30\{\gamma+\ln(2\pi)-Ci(2\pi)\}\cong 73.13\,\Omega \tag{3.82}$$

となる．

3.4.3 実効長 l_e

図 3.9 のように，電流分布 $I(z)$ がつくる面積と，電流分布が $I(z)$ の最大値で一様に分布していると仮定した場合の面積が等しくなるアンテナの長さを**実効長** l_e（effective length）という．

$$l_e=\frac{1}{I_0}\int_{-\frac{l}{2}}^{\frac{l}{2}}I(z)dz \tag{3.83}$$

半波長ダイポールの場合は，

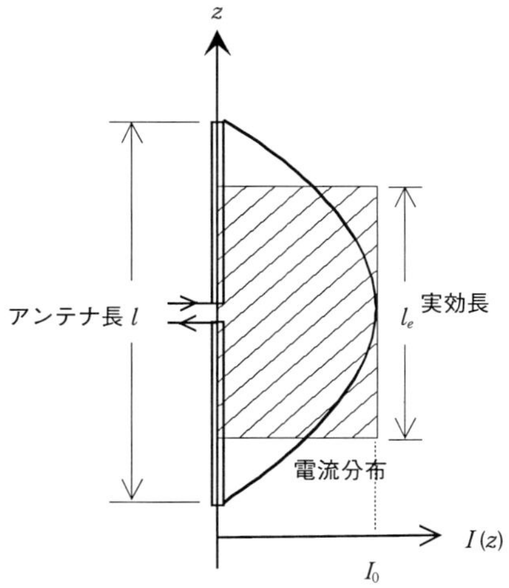

図 3.9 アンテナの実効長

$$l_e=\frac{1}{I_0}\int_{-\frac{\lambda}{4}}^{\frac{\lambda}{4}} I_0\cos(kz)\,dz=\frac{\lambda}{\pi} \tag{3.84}$$

となり，その値はおよそ $\lambda/3$ である．

3.4.4 入力インピーダンスと反射係数

図3.10のようなアンテナを考える．アンテナの放射抵抗は実数の値であるが，給電点からアンテナ側を見たときの入力インピーダンス Z は一般に複素数となる．アンテナ上の電流分布を $\boldsymbol{j}_s$，$\boldsymbol{j}_s$ によってつくられる電界を $\boldsymbol{E}$ とするとき，アンテナから放射される複素電力は

$$P=-\int \boldsymbol{E}\cdot\boldsymbol{j}_s^*dv \tag{3.85}$$

で表現できる．また，給電点における電流を I_0，アンテナの入力インピーダンスを Z とすると，

$$P=|I_0|^2Z \tag{3.86}$$

が成り立つ．これら2式より，アンテナの入力インピーダンス Z は

$$Z=-\frac{1}{|I_0|^2}\int \boldsymbol{E}\cdot\boldsymbol{j}_s^*dv \tag{3.87}$$

で計算できる．この入力インピーダンスの計算法を**起電力法**という．

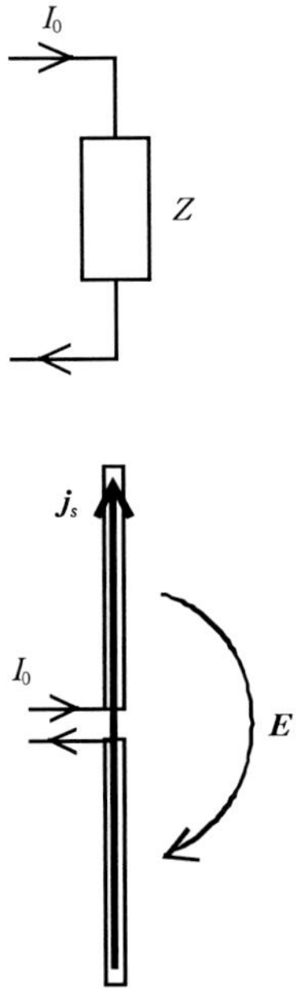

図3.10 入力インピーダンスと起電力法
$\boldsymbol{j}_s$ によって誘起された起電力 $\boldsymbol{E}dz$ に逆らって電流を流すための電力の総和．

半波長ダイポールの入力インピーダンスを計算するにはアンテナの近傍の電界を求める必要があるので，その計算はかなり煩雑となる．結論だけを書くと，

$$Z=R+jX\fallingdotseq 73.1+j42.5\,\Omega \tag{3.88}$$

のようになる．給電線路の特性インピーダンスは通常，実数である．給電線路とアンテナを整合させるには，入力インピーダンスの虚数部を0にする必要がある．そのため，アンテナの長さを $\lambda/2$ より若干短くすると入力インピーダン

スを実数（虚数部を 0）にできる．このときのアンテナの長さを半波長から短くする割合を短縮率という．短縮率はアンテナの半径によって異なるが，3〜5%程度の場合が多い．

3.5 受信アンテナ

3.5.1 相反性

図 3.11 のように，アンテナ #1 とアンテナ #2 が距離 $\boldsymbol{r}$ で向かい合って置かれているとする．それぞれのアンテナの給電点での電圧と電流を V_1，I_1 および V_2，I_2 とする．このとき，各アンテナの給電点での電圧と電流の間には，**インピーダンス行列**の関係が成り立つ．インピーダンス行列の対角成分の Z_{11} と Z_{22} を**自己インピーダンス**，非対角成分の Z_{12} と Z_{21} を**相互インピーダンス**という．

$$\begin{pmatrix} V_1 \\ V_2 \end{pmatrix} = \begin{pmatrix} Z_{11} & Z_{12} \\ Z_{21} & Z_{22} \end{pmatrix} \begin{pmatrix} I_1 \\ I_2 \end{pmatrix} \tag{3.89}$$

次に，それぞれのアンテナ上の電流分布とそれによりつくられる電界を $\boldsymbol{j}_{s1}$，$\boldsymbol{E}_1$ および $\boldsymbol{j}_{s2}$，$\boldsymbol{E}_2$ とすると，次の関係式が成り立つことが知られている．

$$\int_{V_1} \boldsymbol{j}_{s1} \cdot \boldsymbol{E}_2 \, dv = \int_{V_2} \boldsymbol{j}_{s2} \cdot \boldsymbol{E}_1 \, dv \tag{3.90}$$

この関係式は**相反定理**の式(1.52)の左辺において S を自由空間（無限大）にした場合のものである．この積分をアンテナの表面で行う．アンテナの導体表面では $\boldsymbol{E} \times \hat{\boldsymbol{n}} = 0$（電界の接線成分は 0）であるから積分の値は 0 であり，給電点のギャップにおける積分のみ値が残る．つまり，

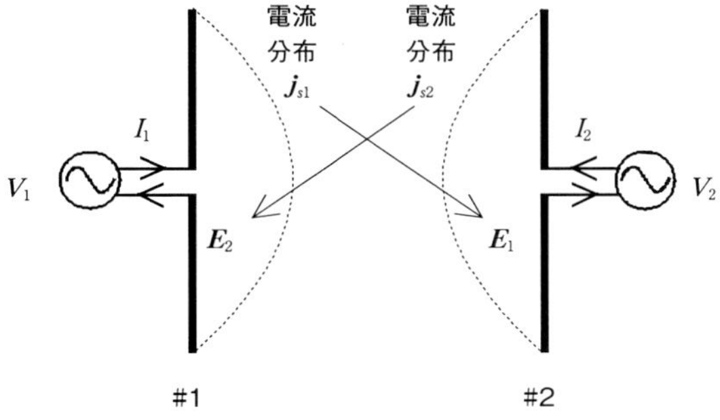

図 3.11　送受信の相反性

$$I_1V_{12}=I_2V_{21} \tag{3.91}$$

である．ここで，V_{12} はアンテナ #2 の放射電界によってアンテナ #1 の給電点に誘起される電圧であり，V_{21}はその逆である．

$$Z_{12}=\frac{V_{12}}{I_2},\quad Z_{21}=\frac{V_{21}}{I_1} \tag{3.92}$$

とおくとすると，相互インピーダンスには次の相反性が成り立つ．

$$Z_{12}=Z_{21} \tag{3.93}$$

3.5.2 受信開放電圧

図 3.12 のように，アンテナ #1 を実効長 l_e の線状アンテナ，アンテナ #2 を微小ダイポール（長さ l）とし，それらの距離を r とする．このとき，アンテナ #1 の電流 I_1 がアンテナ #2 の位置につくる電界 E_{21} は，$\theta=\pi/2$ として式(3.57)に代入すると，

$$E_{21}=\frac{jkZI_1l_e}{4\pi}\frac{\exp(-jkr)}{r}\sin\frac{\pi}{2} \tag{3.94}$$

である．E_{21} によって，アンテナ #2 の給電点に誘起される開放電圧 V_{21} は次式で与えられる．

$$V_{21}=E_{21}l=\frac{jkZI_1l_el}{4\pi}\frac{\exp(-jkr)}{r} \tag{3.95}$$

したがって，相互インピーダンス Z_{21} は次のように計算される．

$$Z_{21}=\left.\frac{V_{21}}{I_1}\right|_{I_2=0}=\frac{jkZl_el\exp(-jkr)}{4\pi r} \tag{3.96}$$

次に，アンテナ #2 の電流 I_2 によってアンテナ #1 の給電点に誘起される開

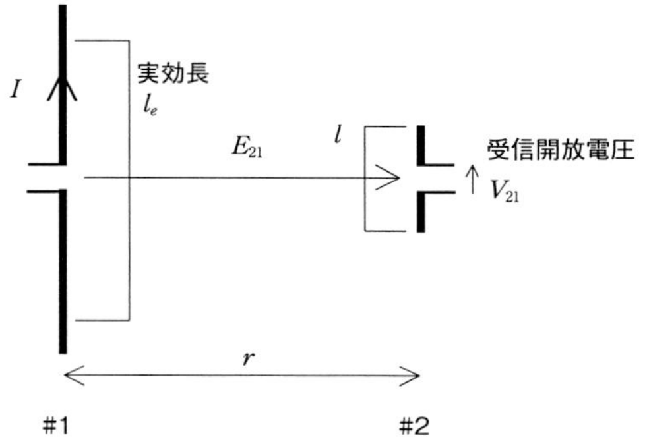

図 3.12 受信開放電圧

放電圧 V_{21} は，相反性 $Z_{12}=Z_{21}$ を用いて，

$$V_{12}=Z_{12}I_2=Z_{21}I_2=\frac{jkZI_2l_el}{4\pi}\frac{\exp(-jkr)}{r}=E_{12}\times l_e \tag{3.97}$$

つまり，受信開放電圧 V_0 は（入射電界 E^{inc}）×（実効長 l_e）で与えられることがわかる．

$$V_0=E^{inc}l_e \tag{3.98}$$

3.5.3 受信有能電力

次に，**負荷インピーダンス** Z_L が接続された実効長 l_e の受信アンテナに入射電界 E^{inc} が入射しているとする．このとき，受信アンテナの等価回路は次の図 3.13 で表現される．ここで，受信開放電圧 V_0 は $V_0=E^{inc}l_e$ であり，Z は受信アンテナの**内部インピーダンス**（負荷側からアンテナを見込んだインピーダンス）である．このとき，負荷インピーダンスに流れる電流は次式で与えられる．

$$I=\frac{V_0}{Z_L+Z} \tag{3.99}$$

したがって，負荷インピーダンス Z_L の消費電力が最大になるのは，$Z_L=Z^*$ のとき（共役整合）である．負荷インピーダンス Z_L の実部を R とすると，負荷インピーダンス Z_L の最大消費電力は次式で与えられる．

$$P_a=\left|\frac{V_0}{2R}\right|^2R=\frac{|V_0|^2}{4R} \tag{3.100}$$

これを**受信有能電力**といい，受信アンテナから取り出せる電力の最大値である．なお，アンテナの内部抵抗 Z で消費される電力は，空間に再放射される電力に対応する．

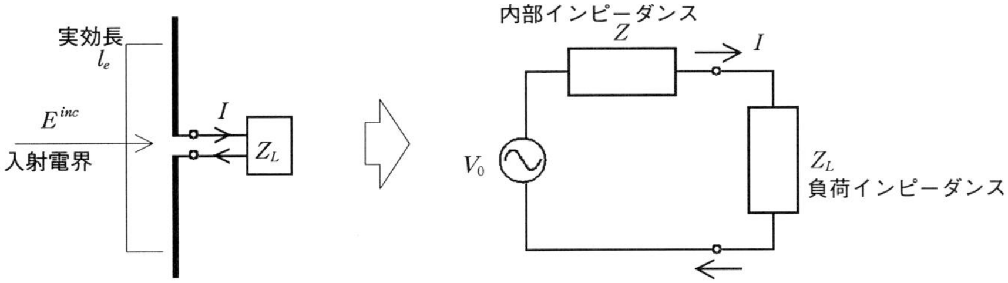

図 3.13 受信アンテナの等価回路

3.5.4 実効開口面積 A_e

遠方界のポインティングベクトル $\boldsymbol{S}=\boldsymbol{E}\times\boldsymbol{H}^{*}=(|\boldsymbol{E}|^2/Z)\hat{\boldsymbol{r}}$ の大きさは単位面積を通過する電力密度（単位は W/m^2）を表すから，受信アンテナの受信有能電力 P_a は入射波のポインティングベクトルの大きさと受信アンテナが持つ等価的な面積 A_e の積で与えられると考えることができる．この等価的な面積を**実効開口面積** A_e という．以下では図 3.14 のような微小ダイポールを例として，実効開口面積 A_e を求める．

$$P_a=\frac{|E^{inc}|^2}{Z}\times A_e \tag{3.101}$$

と

$$P_a=\frac{|V_0|^2}{4R}=\frac{|E^{inc}|^2 l_e^2}{4R} \tag{3.102}$$

の 2 式を比較して A_e を求め，R に微小ダイポールの放射抵抗を代入すると，実効開口面積 A_e は次式で与えられる．

$$A_e=\frac{Zl_e^2}{4R}=\frac{120\pi\times l_e^2}{4\times 80\pi^2(l_e/\lambda)^2}=\frac{3\lambda^2}{8\pi}\cong\frac{\lambda}{2}\times\frac{\lambda}{4} \tag{3.103}$$

このように，微小ダイポールはおよそ $(\lambda/2)\times(\lambda/4)$ の実効開口面積を有していると考えることができる（半波長ダイポールの実効開口面積もほぼ同じである）．

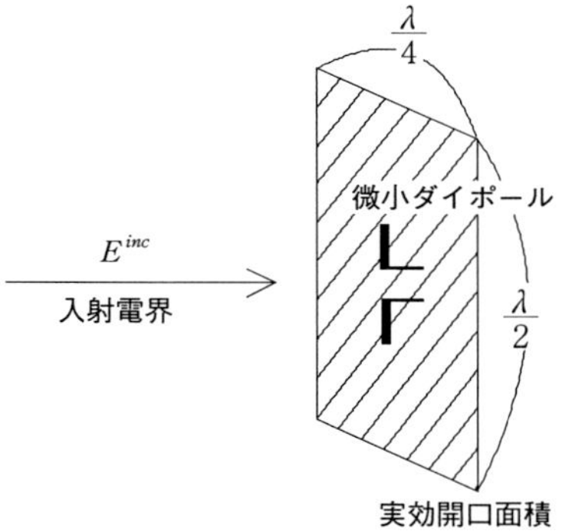

図 3.14　微小ダイポールの実効開口面積

3.5.5 利得 G

図3.15のような指向性が鋭いアンテナと無指向性のアンテナを比較すると，指向性が鋭いアンテナは

送信アンテナ…放射電力 P_r が同じなら特定の方向に電力を集中して放射

受信アンテナ…特定の方向の感度が大きい

と考えることができる．アンテナの利得は次式で与えられる．

$$G=\frac{(\text{供試アンテナの電力密度})}{(\text{基準アンテナの電力密度})}=\frac{|E|^2/Z}{|E_0|^2/Z} \tag{3.104}$$

基準アンテナとして，**等方性アンテナ**（isotropic antenna）がよく用いられる．基準アンテナの送信電力を P_r とすると，基準アンテナから距離 r の点における電力密度は $P_r/4\pi r^2$ と表せるから，

$$G=\frac{|E|^2/Z}{P_r/4\pi r^2} \tag{3.105}$$

と表すことができる．基準アンテナの送信電力と**供試アンテナ**の送信電力は同じとするので，供試アンテナの放射電界 E を用いて P_r は次式で与えられる．

$$P_r=\int_0^{2\pi}\int_0^{\pi}\frac{|E|^2}{Z}\times r^2\sin\theta\, d\theta\, d\phi \tag{3.106}$$

これらの式に $E=A\{\exp(-jkr)/r\}D(\theta,\ \phi)$ を代入して整理すると，利得は次式で与えられる．

$$G_d=\frac{4\pi|D(\theta_0,\ \phi_0)|^2}{\int_0^{2\pi}\int_0^{\pi}|D(\theta,\ \phi)|^2\sin\theta\, d\theta\, d\phi} \tag{3.107}$$

$(\theta_0,\ \phi_0)$ は通常，最大放射方向とする．この式は指向性 $D(\theta,\ \phi)$ の形状だけで決まるので，特に**指向性利得** G_d とよばれる．利得は dB 単位で表すことが多い．基準アンテナを等方性アンテナとした場合，そのことを明示するために単位を dBi とする．**絶対利得**ともいう．

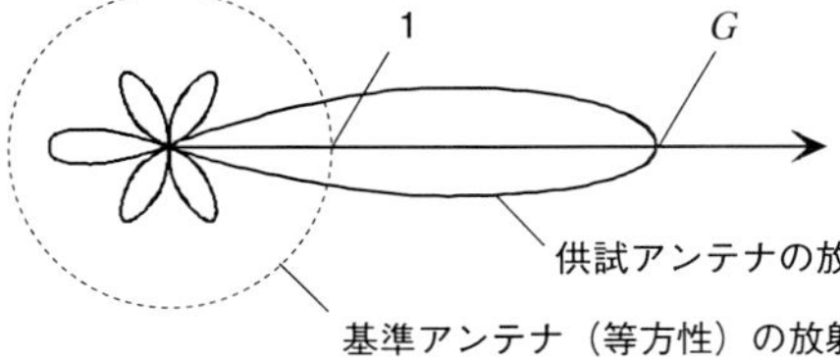

図3.15　利得

例として，微小ダイポールの指向性利得を求める．$D(\theta)=|\sin\theta|$ より，

$$G_d=\frac{4\pi\times|\sin(\pi/2)|^2}{\int_0^{2\pi}\int_0^{\pi}\sin^3\theta\, d\theta d\phi}=\frac{3}{2}=1.5 \tag{3.108}$$

を得る．したがって，

$$10\log G_d=1.76\ \mathrm{dBi} \tag{3.109}$$

となる．また，半波長ダイポールの指向性利得は次式で計算される．$D(\theta)=\left|\frac{\cos(\pi/2\cos\theta)}{\sin\theta}\right|$ より，

$$G_d=\frac{4\pi\times|D(\theta=\pi/2)|^2}{\int_0^{2\pi}\int_0^{\pi}\frac{\cos^2((\pi/2)\cos\theta)}{\sin^2\theta}\times\sin\theta\, d\theta d\phi}=1.64倍 \tag{3.110}$$

のようになり，同様にして，

$$10\log G_d=2.15\ \mathrm{dBi} \tag{3.111}$$

を得る．基準アンテナとして，半波長ダイポールを用いる場合の利得を**相対利得**という．単位は dBd を用いる．相対利得と絶対利得の関係は次式で与えられる．

$$[\mathrm{dBd}]=[\mathrm{dBi}]-2.15 \tag{3.112}$$

3.5.6 利得とアンテナの面積

図 3.16 のようにアンテナ #1 の送信（放射）電力を P_{r1} とするとき，アンテナ #2 の受信電力 P_{a2} は，アンテナ #1 の利得を G_1，アンテナ #2 の実効開口面積を A_{e2} として，次式で与えられる．

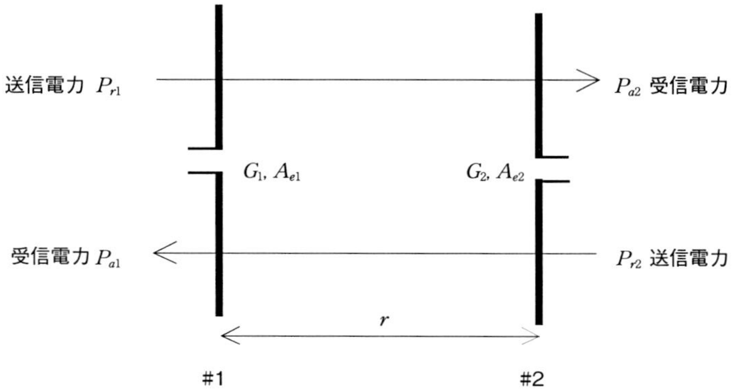

図 3.16 利得と実効開口面積

$$P_{a2}=\frac{P_{r1}}{4\pi r^2}\times G_1\times A_{e2} \qquad \therefore \ \frac{P_{a2}}{P_{r1}}=\frac{G_1A_{e2}}{4\pi r^2} \tag{3.113}$$

ここで，$P_{r1}/4\pi r^2$ は送信アンテナから距離 r の点における電力密度である．つまり，分母の $4\pi r^2$ はアンテナ #1 から放射された電力は球面状に広がることを表している．同様に，アンテナ #2 の放射電力を P_{r2} とするとき，アンテナ #1 の受信電力 P_{a1} は，アンテナ #2 の利得を G_2，アンテナ #1 の実効開口面積を A_{e1} として，次式で与えられる．

$$P_{a1}=\frac{P_{r2}}{4\pi r^2}\times G_2\times A_{e1} \qquad \therefore \ \frac{P_{a1}}{P_{r2}}=\frac{G_2A_{e1}}{4\pi r^2} \tag{3.114}$$

送信アンテナと受信アンテナは可逆的であるから，(3.113) と (3.114) は等しい．つまり，

$$G_1A_{e2}=G_2A_{e1} \qquad \therefore \ \frac{A_{e1}}{G_1}=\frac{A_{e2}}{G_2}=\text{定数} \tag{3.115}$$

が成り立つ．微小ダイポールを例にして，この定数を求めると，次のようになる．

$$\frac{A_e}{G_d}=\frac{3\lambda^2/8\pi}{3/2}=\frac{\lambda^2}{4\pi} \tag{3.116}$$

この関係式はアンテナの種類よらず，一般に成立する．つまり，利得と実効開口面積の関係は次式で与えられる．

$$A_e=\frac{\lambda^2}{4\pi}G_d \tag{3.117}$$

$$G_d=\frac{4\pi}{\lambda^2}A_e \tag{3.118}$$

また，アンテナの実際の面積 A に対する実効開口面積 A_e の大きさの割合を**開口効率** η_a という．

$$\eta_a=\frac{A_e}{A}$$

開口効率 η_a を用いると，利得 G_d は次式で与えられる．

$$G_d=\frac{4\pi}{\lambda^2}A\eta_a \tag{3.119}$$

実際に実験で測定される利得は，指向性利得 G_d に反射損（給電線路との不整合損）による効率 η_{ref} とアンテナの材料による損失（導体損や誘電体損など）による効率 η_{loss} が乗算されたものとなる．これを**動作利得** G という．

$$G=\frac{4\pi}{\lambda^2}A\times\eta_a\times\eta_{ref}\times\eta_{loss} \tag{3.120}$$

$G_{\max}=(4\pi/\lambda^2)A$ は面積 A を有するアンテナの理論的な利得の最大値である．η_{ref} は給電点における反射係数を Γ とすると，

$$\eta_{ref}=1-|\Gamma|^2 \tag{3.121}$$

である．また，η_{loss} は**放射効率**とよばれ，アンテナに入力された電力（給電電力から反射電力を引いた値）に対する空間に放射された電力の割合である．η_{ref} を給電効率とよぶことにすると，

$$(\text{動作利得})=(\text{指向性利得})\times(\text{給電効率})\times(\text{放射効率}) \tag{3.122}$$

と表すこともできる．

3.5.7 フリスの伝達公式

送信アンテナの利得 G_1 と受信アンテナの実効開口面積 A_{e2} を用いると，送信電力 P_{r1} に対して受信電力 P_{a2} は次式で与えられる．

$$P_{a2}=\frac{P_{r1}}{4\pi r^2}\times G_1\times A_{e2} \tag{3.123}$$

実効開口面積を利得で表すと，

$$A_{e2}=\frac{\lambda^2}{4\pi}G_2 \tag{3.124}$$

であるから，次式を得る．

$$\frac{P_{a2}}{P_{r1}}=\left(\frac{\lambda}{4\pi r}\right)^2G_1G_2 \tag{3.125}$$

この式を**フリスの伝達公式**という．このとき，

$$L=\left(\frac{4\pi r}{\lambda}\right)^2 \tag{3.126}$$

を**自由空間伝搬損失**という．

送信電力と受信電力を dB で表示して，1 W を 0 dBW，1 mW を 0 dBm と表現することにする．このとき，受信電力 P_{a2} は dB で表示されたアンテナ利得と自由空間伝搬損失を用いて，次のように計算できる．

$$P_{a2}\begin{bmatrix}\text{dBW}\\ \text{dBm}\end{bmatrix}=P_{r1}\begin{bmatrix}\text{dBW}\\ \text{dBm}\end{bmatrix}+G_1[\text{dB}]+G_2[dB]-L[\text{dB}] \tag{3.127}$$

この関係式を用いて，送信電力やアンテナ利得等を決定することを**回線設計**という．

例題として，静止軌道上にある人工衛星（放送衛星）から送信された電波の受信電力 P_a [dBm] を求める．ただし，

$f=12$ GHz，$P_r=120$ W，$G_1=40$ dB，$G_2=30$ dB，$r=37930$ km とする．

$$\lambda=\frac{300}{12}=25\ \mathrm{mm} \tag{3.128}$$

$$L=10\log\left(\frac{4\pi r}{\lambda}\right)^2=10\log\left(\frac{4\times3.14\times37930\times10^6}{25}\right)^2\cong205.8\ \mathrm{dB} \tag{3.129}$$

$P_r=120\times10^3$ mW であるから

$$10\log P_r=10\log(120\times10^3)\cong50.8\ \mathrm{dBm} \tag{3.130}$$

よって，受信電力 P_a は

$$\begin{aligned}P_a&=P_r+G_1+G_2-L\\&=50.8+40+30-205.8\\&=-85\ \mathrm{dBm}\end{aligned} \tag{3.131}$$

を得る．

◇演習問題◇

3.1 図3.17のように，xy 平面上の原点を中心とする半径 a の微小なループに一様な電流 I が流れている．この微小電流ループから放射される電磁界を求めよ．

（ヒント：yz 平面上の観測点Pを考えると，電流ループは y 軸に関して対称であるため，点Pにおけるベクトルポテンシャルは A_x 成分のみ存在する．yz 平面上では

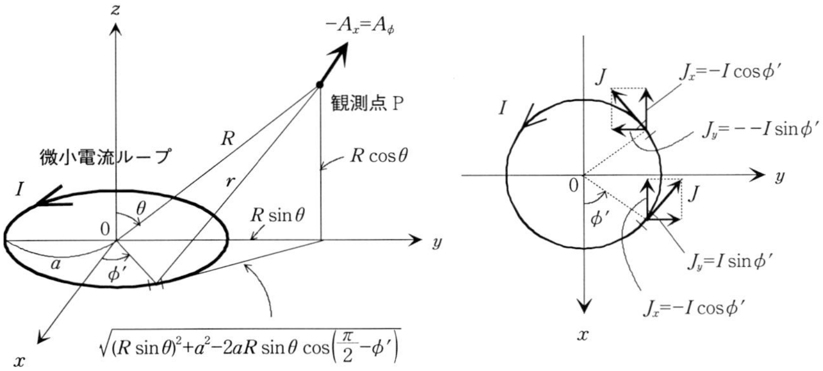

(a) 全体図　　(b) 上から見た図

図3.17 微小電流ループ

$-A_x=A_\phi$ であることを利用して，点 Q (r, θ, ϕ) における電界 $\boldsymbol{E}$ と磁界 $\boldsymbol{H}$ を求めよ．

また，$R \gg a$ であることから，$r \cong R-a\sin\theta\sin\phi'$，$\exp(-jkr)\cong\exp(-jkR)(1+jka\sin\theta\sin\phi')$，$\dfrac{1}{r}\cong\dfrac{1}{R}\left(1+\dfrac{a\sin\theta\sin\phi'}{R}\right)$ の近似を用いる)

3.2 3.1の結果を利用して，微小電流ループの放射電力と放射抵抗を求めよ．

3.3 波源として磁流密度 $\boldsymbol{m}_s$ と磁荷密度 ρ_m が存在する場合のマクスウェルの方程式は次のとおりである．

$$\nabla\times\boldsymbol{H}=j\omega\varepsilon\boldsymbol{E} \tag{3.132}$$

$$\nabla\times\boldsymbol{E}=-\boldsymbol{m}_s-j\omega\mu\boldsymbol{H} \tag{3.133}$$

$$\nabla\cdot\boldsymbol{E}=0 \tag{3.134}$$

$$\nabla\cdot\boldsymbol{H}=\frac{\rho_m}{\mu} \tag{3.135}$$

$$\nabla\cdot\boldsymbol{m}_s=-j\omega\rho_m \tag{3.136}$$

磁気的ベクトルポテンシャル $\boldsymbol{A}_m$ と磁気的スカラーポテンシャル ϕ_m を導入し，さらにローレンツ条件 $\nabla\cdot\boldsymbol{A}_m+j\omega\varepsilon\mu\phi_m=0$ を用いて，$\boldsymbol{A}_m$ と ϕ_m の波動方程式

$$\nabla^2\boldsymbol{A}_m+k^2\boldsymbol{A}_m=-\varepsilon\boldsymbol{m}_s \tag{3.137}$$

$$\nabla^2\phi_m+k^2\phi_m=-\frac{\rho_m}{\mu} \tag{3.138}$$

を導出せよ．

また，磁気的ベクトルポテンシャル $\boldsymbol{A}_m$ を用いた電界 $\boldsymbol{E}$ と磁界 $\boldsymbol{H}$ の表現式

$$\boldsymbol{E}=-\frac{1}{\varepsilon}\nabla\times\boldsymbol{A}_m \tag{3.139}$$

$$\boldsymbol{H}=-j\omega\left(\boldsymbol{A}_m+\frac{1}{k^2}\nabla\nabla\cdot\boldsymbol{A}_m\right) \tag{3.140}$$

を導出せよ．

3.4 図3.18のように，座標原点に z 軸方向に沿って置かれた長さ l の微小磁流ダイ

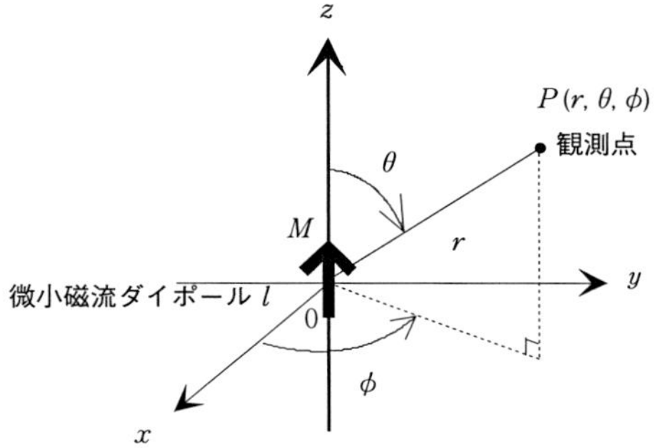

図3.18 微小磁流ダイポール

ポール M がある．この微小磁流ダイポールからつくられる磁気的ベクトルポテンシャル $\boldsymbol{A}_m$ を求め，微小磁流ダイポールから放射される電磁界を求めよ．

3.5 3.1 の結果と 3.4 の結果を比較して，微小電流ループと微小磁流ダイポールが等価であることを説明せよ．

3.6 線状アンテナ（半波長，1 波長，1.5 波長，2 波長）の指向性を計算し，放射パターンを極座標のグラフに図示せよ（図 3.7 および図 3.8 と同様なパターンとなることを確認せよ）．

3.7 図 3.19 に示す長さ $2l$ の線状アンテナ（ただし，$2l<\lambda/2$）の電流分布 $I(z)$ が次式で与えられるとき，このアンテナの実効長を求めよ．

$$I(z)=I_0 \sin k(l-|z|) \qquad (-l\leq z\leq l) \tag{3.141}$$

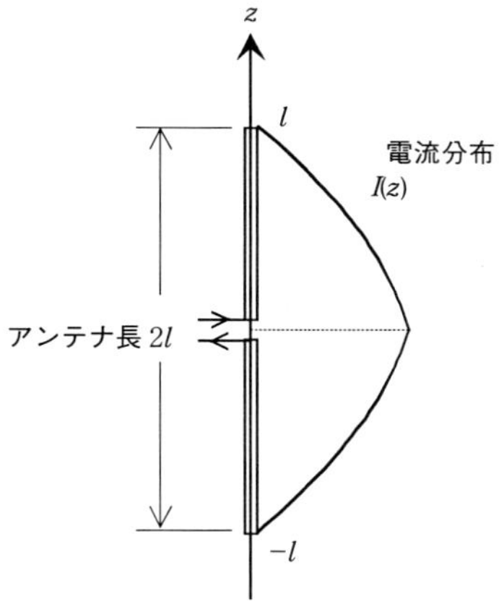

図 3.19 線状アンテナ

3.8 図 3.20 に示すように，指向性 $D(\theta, \phi)$ が次式で与えられる，z 軸に関して回

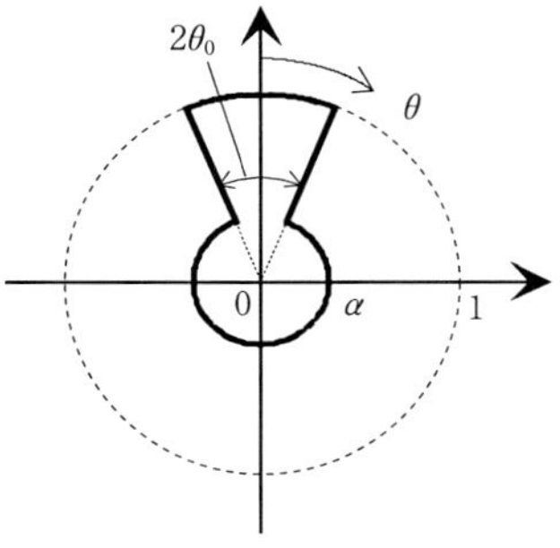

図 3.20 放射パターン
α は平均的なサイドローブレベル．

転対称の放射パターンのアンテナがある．このアンテナの指向性利得を求めよ．

$$D(\theta,\ \phi)=\begin{cases}1, & 0\leq\theta\leq\theta_0\\ \alpha, & \theta_0<\theta\leq\pi\end{cases} \tag{3.142}$$

3.9 特性インピーダンス $Z_c=50\ \Omega$ の給電線路に入力インピーダンス $Z=73+j43$ [Ω] の半波長ダイポールが接続されている．このとき，給電点における反射係数の大きさと定在波比を求めよ．

3.10 利得 $G_1=8$ dBi の送信アンテナと $G_2=10$ dBi の受信アンテナが $r=25$ km の距離で設置されている．周波数 $f=0.6$ GHz，送信アンテナの供給電力を $P_1=10$ kW とするとき，送受アンテナ間の自由空間伝搬損失 L を dB の単位で求めよ．また，受信アンテナの受信電力 P_2 を dBm の単位で求めよ．ただし，大地反射の影響はないものとする．

4 アンテナ

世の中には非常に多種多様なアンテナが存在し，目的に応じてそれぞれ利用されている．本章では線状アンテナ，アレーアンテナ，開口面アンテナ，平面アンテナに分類し，それらの基本的な考え方や特性について説明する．

4.1 線状アンテナ

4.1.1 直線状アンテナ

直線状アンテナの指向性，放射抵抗，利得等の基本的な性質は第3章で述べたとおりである．ここでは，線状アンテナと給電線路の接続について考える．給電線路として一般的に用いられているのは同軸ケーブルである．線状アンテナと同軸ケーブルを接続するとどうなるだろうか．

図4.1は平行2線と同軸線路の接続を示している．平行2線に流れる電流はそれぞれ $+I$ と $-I$ である（**平衡線路**という）．他方，同軸線路の内導体および外導体の表面に流れる電流密度はそれぞれ $i=+I/(2\pi a)$，$i=-I/(2\pi b)$ である（**不平衡線路**という）．このため，平行2線と同軸ケーブルの特性インピーダンスが同じであっても，両者をそのまま接続すると接続点で不連続が生じ，同軸ケーブルの外導体の外側に電流が流れてしまう．これを不平衡電流という．

線状アンテナのような平衡系アンテナを不平衡線路である同軸ケーブルで給電すると，同軸ケーブルの外導体の外側に不平衡電流が流れる，そのため，不

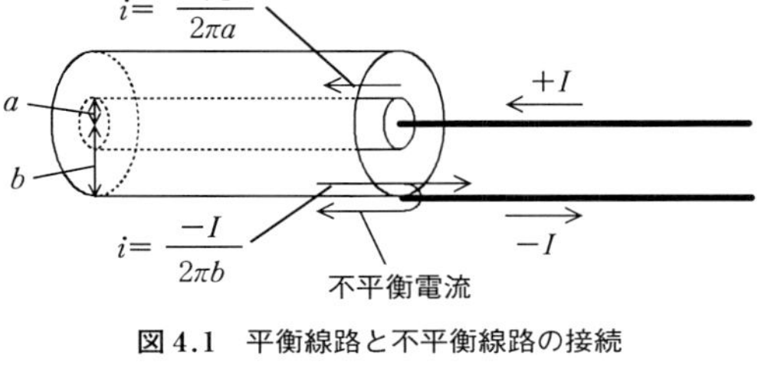

図4.1 平衡線路と不平衡線路の接続

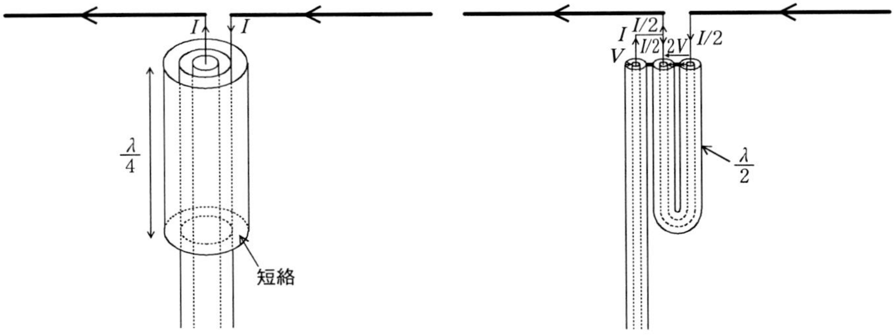

（a） シュペルトップバラン　　　　（b） Uバラン

図 4.2 バランの例

要放射が発生し放射パターンが乱れる等，アンテナの特性に悪影響が生じる．そこで，平衡系アンテナと同軸ケーブルの接続には，**平衡-不平衡変換器**（**バラン**）が用いられる．

図 4.2 に代表的なバランの例を示す．**シュペルトップバラン**は同軸ケーブルの外側に長さ 1/4 波長の円筒導体を被せ，終端を短絡とした構造である．短絡面から 1/4 波長離れた給電点では開放（インピーダンスが ∞）に見えるため，不平衡電流が阻止される．バズーカバランともよばれる．**U バラン**は，長さが半波長の同軸ケーブルを U の字型に迂回させた構造である．同軸線路の電流を I，電圧を V とすると，平衡線路側の電流は $I/2$，電圧は $2V$ となるから，

$$Z_{Balance}=\frac{2V}{I/2}=4\frac{V}{I}=4Z_{Unbalance} \tag{4.1}$$

となる．つまり，平衡線路側のインピーダンスは不平衡線路側のそれの 4 倍となる．U バランは平衡-不平衡変換の機能に加えて，インピーダンス変換の機能を併せ持つ．

4.1.2 ループアンテナ

半径を a とする一様な電流 I_0 の電流ループによる放射界を求める．図 4.3 に示すように，ループは xy 平面上にあり，ループの中心は座標原点にあるとする．一様電流ループの電流分布は $\boldsymbol{j}_s=I_0\hat{\boldsymbol{\phi}}=I_0(-\sin\phi'\hat{\boldsymbol{x}}+\cos\phi'\hat{\boldsymbol{y}})$ で与えられる．この場合のベクトルポテンシャル

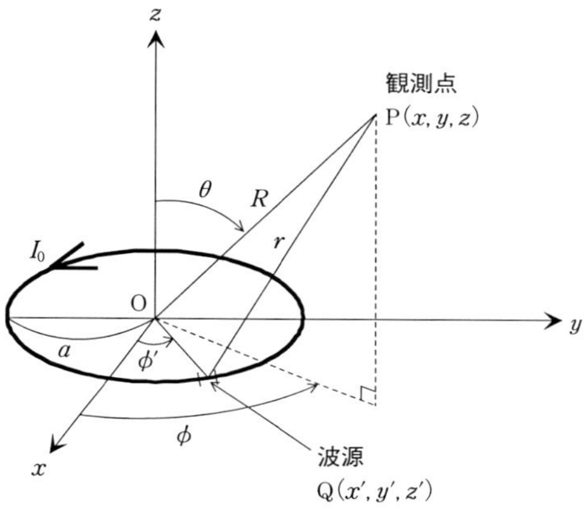

図 4.3 一様電流のループアンテナ

$$\boldsymbol{A}=\frac{\mu}{4\pi}\int_V \boldsymbol{j}_s \frac{\exp(-jkr)}{r}dv \tag{4.2}$$

を求める．

ループ上の波源の座標を Q(x', y', z')，観測点の座標を P(x, y, z) とする．波源の座標 Q を円筒座標で，観測点 P の座標を極座標で表現すると，次式で与えられる．

$$x'=a\cos\phi',\ y'=a\sin\phi',\ z'=0 \tag{4.3}$$

$$x=R\sin\theta\cos\phi,\ y=R\sin\theta\sin\phi,\ z=R\cos\theta \tag{4.4}$$

観測点は十分遠方にあるので，波源と観測点の距離 $\boldsymbol{r}$ は次のように近似される．

$$\begin{aligned} r&=\sqrt{(x-x')^2+(y-y')^2+(z-z')^2}\\ &=\{R^2+a^2-2aR\sin\theta\cos(\phi-\phi')\}^{\frac{1}{2}}\\ &\cong R-a\sin\theta\cos(\phi-\phi') \end{aligned} \tag{4.5}$$

さらに，$1/r=1/R$ と近似する．このとき，ベクトルポテンシャル $\boldsymbol{A}$ は次式のように計算される．

$$\begin{aligned} \boldsymbol{A}&=\frac{\mu}{4\pi}\int_0^{2\pi}\boldsymbol{j}_s\frac{\exp(-jkr)}{r}dl\\ &=\frac{\mu}{4\pi}\int_0^{2\pi}I_0(-\sin\phi'\hat{\boldsymbol{x}}+\cos\phi'\hat{\boldsymbol{y}})\frac{\exp[-jk\{R-a\sin\theta\cos(\phi-\phi')\}]}{R}ad\phi'\\ &\cong\frac{\mu I_0 a}{4\pi}\frac{\exp(-jkR)}{R}\int_0^{2\pi}(-\sin\phi'\hat{\boldsymbol{x}}+\cos\phi'\hat{\boldsymbol{y}})\exp\{jka\sin\theta\cos(\phi-\phi')\}d\phi' \end{aligned}$$

(4.6)

ここで，$z=ka\sin\theta$ とおき，上式の積分は次のベッセル関数の積分公式を用いて計算する．

$$J_n(z)=\frac{j^{-n}}{\pi}\int_0^{\pi}\cos(n\phi')\exp(jz\cos\phi')d\phi' \tag{4.7}$$

この公式において $n=1$ とすると，次の式が得られる．

$$\begin{aligned}
&\int_0^{2\pi}\cos\phi'\exp(jz\cos\phi')d\phi'\\
&=\left\{\int_{-\pi}^{0}+\int_0^{\pi}\right\}\cos\phi'\exp(jz\cos\phi')d\phi'\\
&=\int_{\pi}^{0}\cos(-\phi')\exp\{jz\cos(-\phi')\}(-d\phi')+\int_0^{\pi}\cos\phi'\exp(jz\cos\phi')d\phi'\\
&=2\int_0^{\pi}\cos\phi'\exp(jz\cos\phi')d\phi'\\
&=j2\pi J_1(z)
\end{aligned} \tag{4.8}$$

次の積分は奇関数と偶関数の積のためゼロとなる．

$$\int_0^{2\pi}\sin\phi'\exp(jz\cos\phi')d\phi'=0 \tag{4.9}$$

さらに，

$$\begin{aligned}
\sin\phi'&=\sin\{(\phi'-\phi)+\phi\}\\
&=-\sin(\phi-\phi')\cos\phi+\cos(\phi-\phi')\sin\phi
\end{aligned} \tag{4.10}$$

$$\begin{aligned}
\cos\phi'&=\cos\{(\phi'-\phi)+\phi\}\\
&=\cos(\phi-\phi')\cos\phi+\sin(\phi-\phi')\sin\phi
\end{aligned} \tag{4.11}$$

を用いて変形すると，次式を得る．

$$\boldsymbol{A}=\frac{\mu I_0 a}{4\pi}\frac{\exp(-jkR)}{R}(-\sin\phi\,\hat{\boldsymbol{x}}+\cos\phi\,\hat{\boldsymbol{y}})\cdot j2\pi J_1(ka\sin\theta) \tag{4.12}$$

$-\sin\phi\,\hat{\boldsymbol{x}}+\cos\phi\,\hat{\boldsymbol{y}}=\hat{\boldsymbol{\phi}}$ であるから，一様電流ループのベクトルポテンシャルは次式のようになる．

$$A_\phi=j\frac{\mu I_0 a\exp(-jkR)}{2R}J_1(ka\sin\theta) \tag{4.13}$$

遠方界を $\boldsymbol{E}=-j\omega(A_\theta\hat{\boldsymbol{\theta}}+A_\phi\hat{\boldsymbol{\phi}})$，$\boldsymbol{H}=(1/Z)\hat{\boldsymbol{r}}\times\boldsymbol{E}$ により求めると，次式で与えられる．

$$E_\phi=\frac{\omega\mu I_0 a\exp(-jkR)}{2R}J_1(ka\sin\theta)$$

$$=\frac{kZI_0 a\exp(-jkR)}{2R}J_1(ka\sin\theta) \tag{4.14}$$

$$H_\theta=-\frac{kI_0 a\exp(-jkR)}{2R}J_1(ka\sin\theta) \tag{4.15}$$

a. 微小ループ

図 4.4 のような**微小ループアンテナ**を考える．ループの半径 a が波長と比較して十分小さい場合は $ka \ll 1$ であるから，$J_1(z)\cong(1/2)z$ の近似式を用いて次式を得る．

$$E_\phi=\frac{k^2ZI_0a^2}{4}\frac{\exp(-jkR)}{R}\sin\theta \tag{4.16}$$

$$H_\theta=-\frac{k^2I_0a^2}{4}\frac{\exp(-jkR)}{R}\sin\theta \tag{4.17}$$

指向性は $|\sin\theta|$ で与えられるので，放射パターンの形状は微小ダイポールと同じである．指向性利得も微小ダイポールと同じ $G_d=1.5$ である．

微小ループの放射電力 P_r は次のように計算される．

$$\begin{aligned}P_r&=\int_0^{2\pi}\int_0^{\pi}\frac{|E_\phi|^2}{Z}\times R^2\sin\theta\,d\theta\,d\phi\\&=2\pi\int_0^{\pi}\frac{k^4ZI_0{}^2a^4}{16}\sin^3\theta\,d\theta\\&=20\pi^2(ka)^4I_0{}^2\end{aligned} \tag{4.18}$$

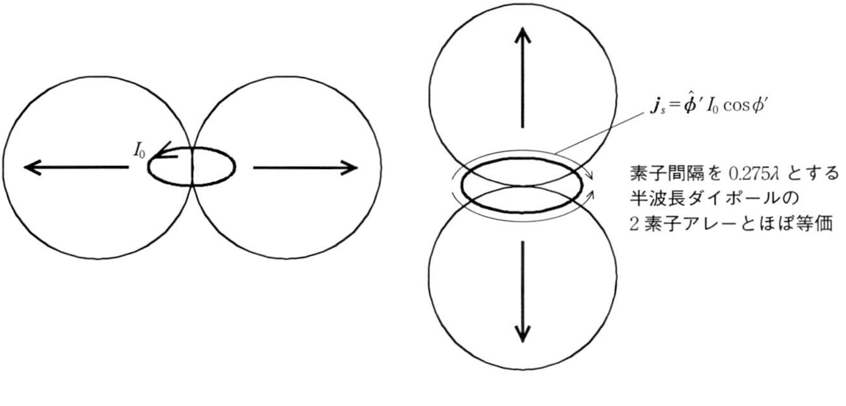

（a） 微小ループ　　（b） 1 波長ループ

図 4.4 ループアンテナの指向性

したがって，微小ループの放射抵抗 R_r は次式で与えられる．

$$R_r=\frac{P_r}{I_0^2}=20\pi^2(ka)^4 \tag{4.19}$$

微小ループの放射抵抗は $(ka)^4$ に比例するので，長さ l の 2 乗に比例する同じ大きさの微小ダイポールと比較すると，微小ダイポールの放射抵抗のほうが大きい．

b. 1 波長ループ

図 4.4 の **1 波長ループアンテナ**を考える．ループの長さが波長と同程度かそれより大きいとき，ループ上の電流分布は次式で近似される．

$$\boldsymbol{j}_s=\hat{\boldsymbol{\phi}}I_0\cos m\phi' \tag{4.20}$$

これは給電点と対称な点が電流の最大値となるように，ループ上にの電流の定在波が形成される．特に，アンテナとしてよく用いられるのは全長が 1 波長 $(m=1)$ のループである．1 波長ループの放射界を同様に求めると次式で与えられる．

$$E_\theta\cong -j30\pi I_0\frac{\exp(-jkR)}{R}\{J_0(\sin\theta)+J_2(\sin\theta)\}\cos\theta\sin\phi \tag{4.21}$$

$$E_\phi\cong -j30\pi I_0\frac{\exp(-jkR)}{R}\{J_0(\sin\theta)-J_2(\sin\theta)\}\cos\phi \tag{4.22}$$

微小ループと 1 波長ループの放射パターンを比較すると，次のようになる．1 波長ループの放射パターンは半波長ダイポールを 2 素子配列した場合のパターンに近似される．

4.1.3 折り返しアンテナ

折り返しアンテナは半波長ダイポールの両端を折り返して接続した構造である（図 4.5）．折り返しアンテナは 2 本の半波長アンテナからの放射と等価である．折り返しアンテナの放射抵抗 R_f は，半波長ダイポールの放射抵抗を R_h とすると，次式で与えられる．

$$R_f=\frac{(2I)^2R_h}{I^2}=4R_h \tag{4.23}$$

折り返し構造とすることで放射抵抗は 4 倍となる．

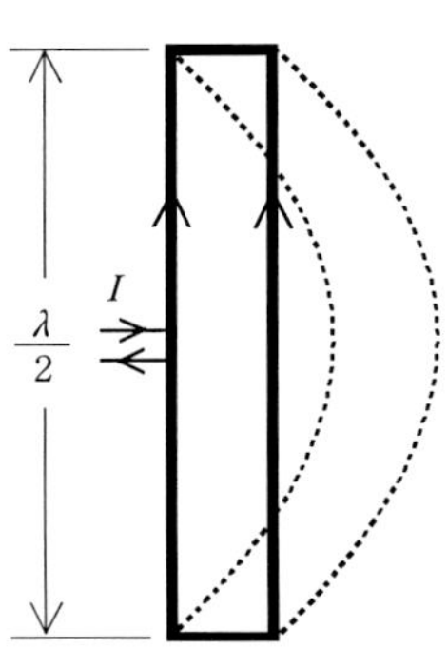

図 4.5　折り返しダイポール

R_h は 73 Ω であるから，R_f は約 300 Ω となる．放射パターンの形状と指向性利得は半波長ダイポールとほぼ同じである．

4.1.4 接地アンテナ

a. 影像アンテナ

図 4.6 のような**影像（image）アンテナ**を考える．地上のアンテナからの放射は直接波と地面からの反射波の合成となる．地面を完全導体平面で近似すると，反射点では反射の法則と完全導体の境界条件（電界の接線成分がゼロ）を満たす必要がある．このことから，反射波は導体平面に対して対称な位置にある影像アンテナからの直接波に置き換えることができ，電流源が導体平面に対して垂直な場合は影像アンテナの電流は同位相，電流源が水平の場合は影像アンテナの電流は逆位相とする．磁流源の場合はその反対となり，磁流源が垂直な場合は影像アンテナの磁流は逆位相，磁流源が水平の場合は影像アンテナの磁流は同位相とする．

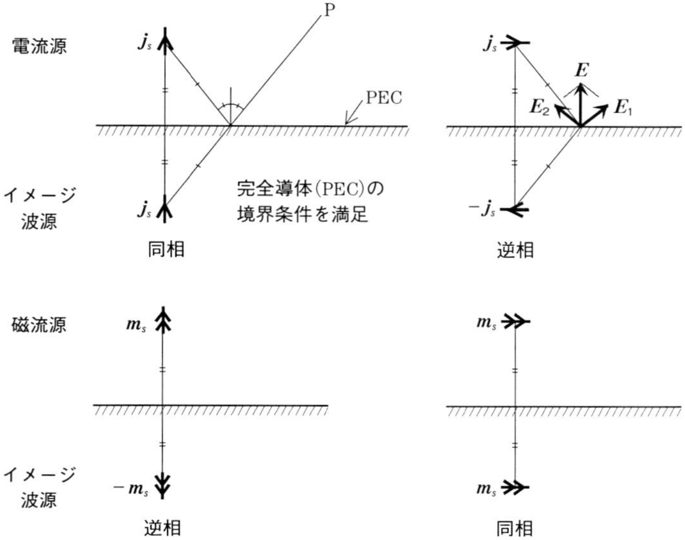

図 4.6 影像アンテナ

b. $\frac{1}{4}\lambda$ モノポールアンテナ

図 4.7 のような半波長ダイポールの一方の導体を導体面に接続したアンテナ

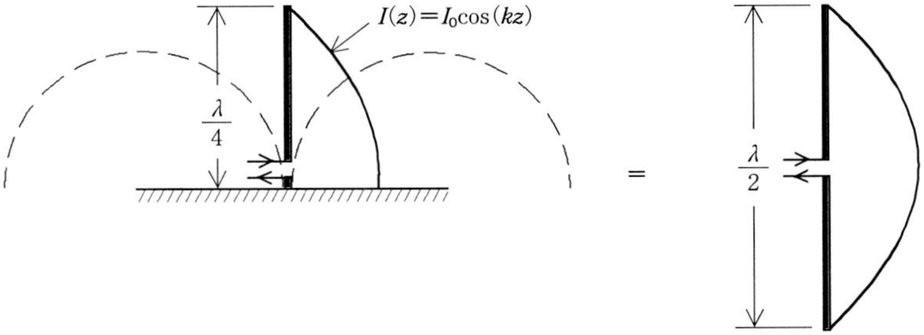

図 4.7　モノポールアンテナ

を**モノポールアンテナ**という．全長を半波長ダイポールの半分の 1/4 波長とすることができる．放射パターンは半波長ダイポールと同じである．ただし，導体側への放射はない．そのため，放射電力は半波長ダイポールの 1/2 となる．しがたって，放射抵抗も半波長ダイポールの放射抵抗 R_h の半分となる．

$$P_r=\frac{1}{2}\times R_h I_0^2 \tag{4.24}$$

$$R_r=\frac{1}{2}\times R_h\cong 36\ \Omega \tag{4.25}$$

モノポールの利得は半波長ダイポールの利得 G_h の 2 倍となり，デシベルで +3 dB となる．

$$G=\frac{4\pi|E|^2}{1/2\times P_r}=2G_h \tag{4.26}$$

また，デシベルでは，2.15+3.01=5.16 dBi となる．

c.　逆 L アンテナ

モノポールアンテナの垂直素子を途中で折り曲げて，低姿勢としたものを**逆**

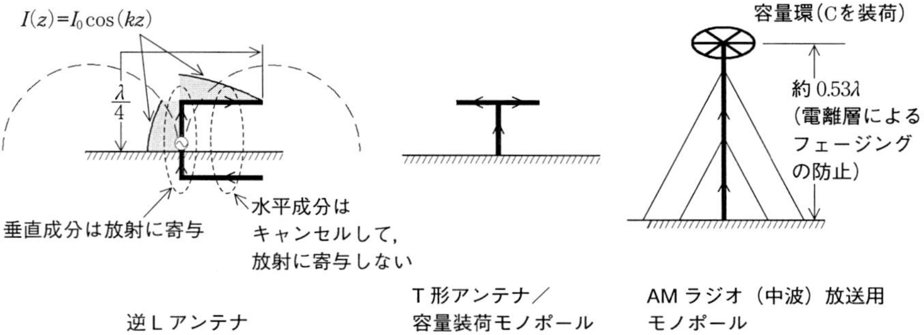

図 4.8　逆 L アンテナとその応用

L アンテナという（図 4.8）．逆 L アンテナでは電流の垂直成分が放射に寄与する一方で，水平成分はイメージ成分によりほぼキャンセルされるため，放射にはほとんど寄与しない．そのため，低姿勢にするほど放射抵抗は低下する．指向性はモノポールアンテナと同様に水平面無指向性であるが，電流の水平成分は多少の交さ偏波を放射する．逆 L アンテナの変形として，**T 型アンテナ**や**容量装荷モノポール**がある．

d. 逆 F アンテナ

逆 L アンテナの入力インピーダンスは低インピーダンスとなるので，給電線との整合を得ることが困難となる．そこで，図 4.9 のように逆 L アンテナの水平素子の途中に給電点を設けたアンテナを**逆 F アンテナ**という．逆 F アンテナは給電点の位置によって入力インピーダンスを調整することができるため，給電線路の整合を得ることが容易となる．逆 L アンテナと同様に，垂直部分からの放射が支配的である．

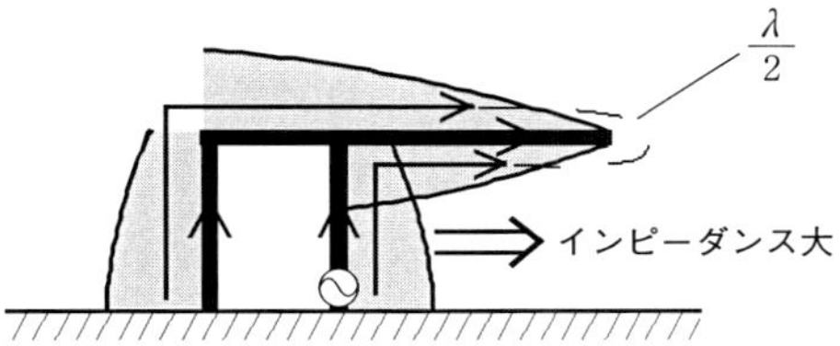

図 4.9　逆 F アンテナ

e. ヘリカルアンテナ

モノポールアンテナを螺旋状としたアンテナを**ヘリカルアンテナ**という（図 4.10）．ヘリカルアンテナはその大きさによって，**ノーマルモードヘリカル**と**軸モードヘリカル**がある．

ノーマルモードヘリカルはモノポールアンテナを小型化したものである．放射パターンは水平面無指向性となるが，垂直なモノポールからの放射（主偏波）と複数の微小ループからの放射（交差偏波）の合成と考えることができる．

もう一方の軸モードヘリカルはヘリカルの一周を約 1 波長としたものであり，軸方向に円偏波を放射する．

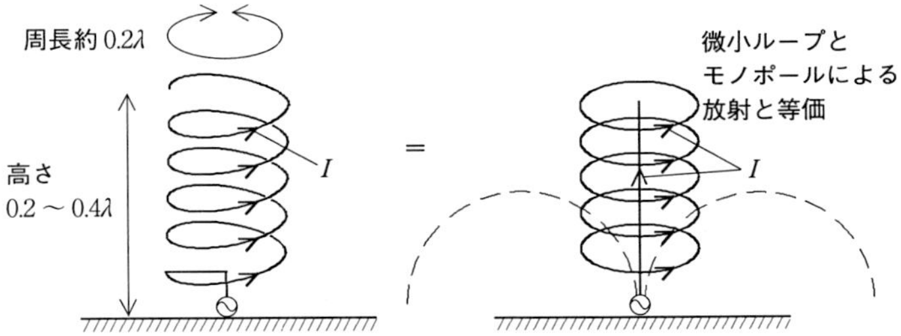

（a） ノーマルモードヘリカル

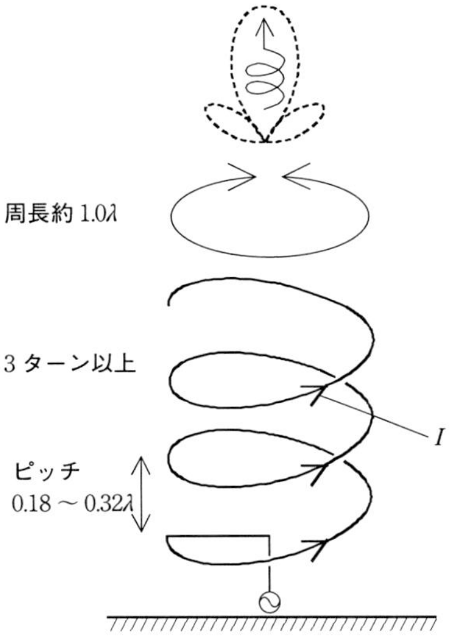

（b） 軸モードヘリカル（円偏波・広帯域）

図 4.10 ヘリカルアンテナ

4.2 アレーアンテナ

複数のアンテナを配列して，1つのアンテナとして動作させるものを**アレーアンテナ**という（図 4.11）．例えば，半波長ダイポールの利得は約 2 dBi であるが，より高利得のアンテナを実現したい，あるいは，目的に応じた形状の放射パターンを得たい等の目的で用いられる．アレーアンテナは複数のアンテナから放射された波の干渉を利用している．アレーアンテナ全体に対して，個々

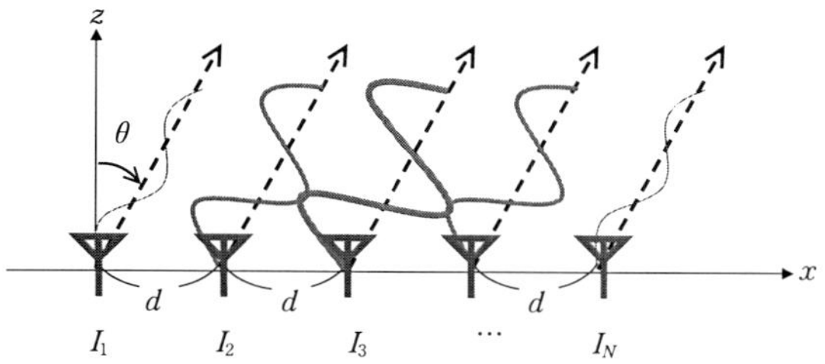

図 4.11 アレーアンテナの図

のアンテナを**素子アンテナ**あるいは単に**素子**という.

4.2.1 2素子アレーの例

アンテナの配列によって，放射パターンが変化するイメージを理解するために，2素子アレーを例として考えよう．素子間隔を d，2つのアンテナに流れる電流は等振幅で位相差を δ とする.

a. 素子間隔 $d=\lambda/2$, $\delta=0$（同位相）の場合（図 4.12）

2つのアンテナからの放射は上下方向では強め合い，左右方向では打ち消し合う．アンテナの配列方向に垂直な方向に放射するものを**ブロードサイド・アレー**という.

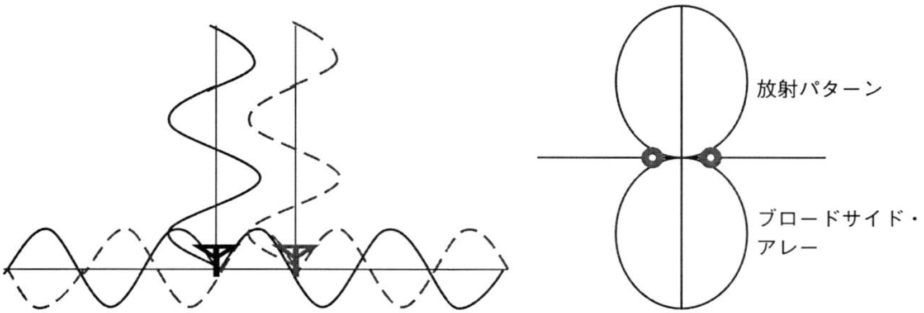

図 4.12 2素子アレー（素子間隔 $d=\lambda/2$，同位相の場合）

b. 素子間隔 $d=\lambda/2$, $\delta=\pi$（逆位相）の場合（図 4.13）

2つのアンテナからの放射は左右方向では強め合い，上下方向では打ち消し合う．アンテナの配列方向に放射するものを**エンドファイア・アレー**という.

c. 素子間隔 $d=\lambda/4$, $\delta=\pi/2$（位相差 $\pi/2$）の場合（図 4.14）

左側のアンテナに対して，右側のアンテナに流れる電流の位相が $\pi/2$ 遅れ

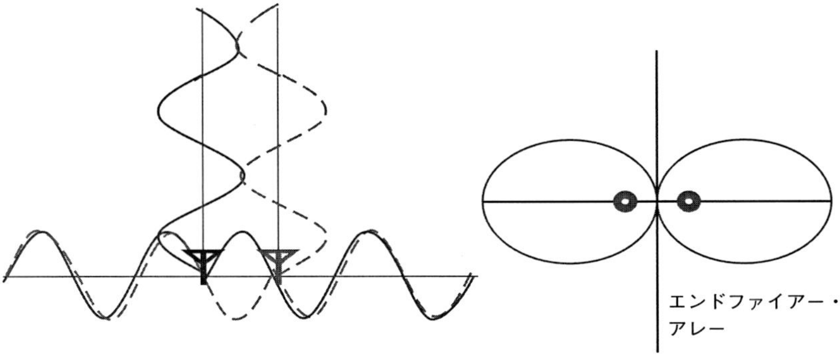

図 4.13　2 素子アレー（素子間隔 $d=\lambda/2$，逆位相の場合）

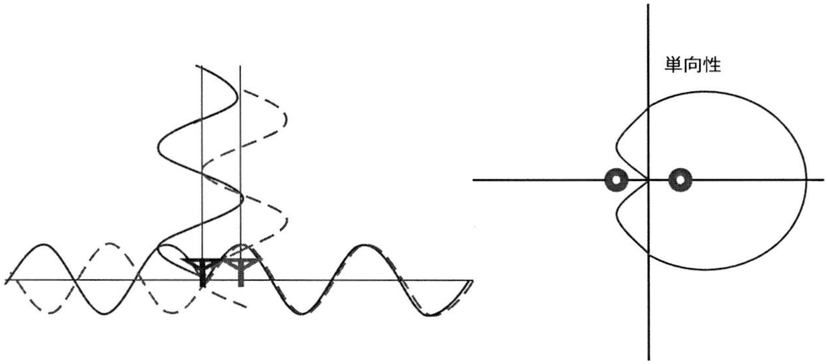

図 4.14　2 素子アレー（素子間隔 $d=\lambda/4$，位相差 $\pi/2$ の場合）

ている場合，図のように，2 つのアンテナからの放射は右方向では強め合い，左方向では打ち消し合う．このような指向性を単向性のパターンという．

4.2.2　アレーファクタ（配列係数）

一般に，アンテナの放射界は次のような形で表現される．

$$E(\theta,\,\phi)=I\,\frac{\exp(-jkr)}{r}\,D(\theta,\,\phi) \tag{4.27}$$

ここで，I はアンテナに流れる電流の振幅と位相を複素数で表現した励振係数である．また，素子アンテナの指向性 $D(\theta,\,\phi)$ を**素子指向性**という．

次に，図 4.15 のような 2 素子アレーの放射界を考える．素子アンテナ #1 は座標原点にあるものとし，励振係数を I_1 とする．素子アンテナ #2 の位置

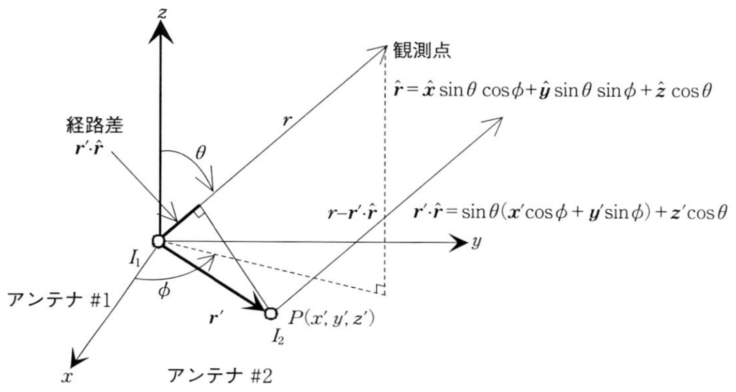

図 4.15　2 素子アレーの経路差

を $\boldsymbol{r}'$ とし，励振係数を I_2 とする．観測点の方向 (θ, ϕ) の単位ベクトルを $\hat{\boldsymbol{r}}$ とすると，$\boldsymbol{r}'\cdot\hat{\boldsymbol{r}}$ は原点～観測点とアンテナ #2～観測点の経路差を表す．つまり，素子アンテナ #2 から観測点までの距離は $r-\boldsymbol{r}'\cdot\hat{\boldsymbol{r}}$ である．このとき，素子指向性 $D(\theta, \phi)$ が同一である 2 素子アレーの放射界は次式で与えられる．

$$E(\theta, \phi)=I_1\frac{\exp(-jkr)}{r}D(\theta, \phi)+I_2\frac{\exp\{-jk(r-\boldsymbol{r}'\cdot\hat{\boldsymbol{r}})\}}{r-\boldsymbol{r}'\cdot\hat{\boldsymbol{r}}}D(\theta, \phi) \tag{4.28}$$

このとき，$\dfrac{1}{r-\boldsymbol{r}'\cdot\hat{\boldsymbol{r}}}\cong\dfrac{1}{r}$ と近似することで，次式を得る．

$$E(\theta, \phi)=\frac{\exp(-jkr)}{r}D(\theta, \phi)\{I_1+I_2\exp(jk\boldsymbol{r}'\cdot\hat{\boldsymbol{r}})\} \tag{4.29}$$

ここで，

$$A(\hat{\boldsymbol{r}})=I_1+I_2\exp(jk\boldsymbol{r}'\cdot\hat{\boldsymbol{r}}) \tag{4.30}$$

はアレーとすることで得られる項であり，**アレーファクタ**（配列係数）という．一般に，アレーアンテナの指向性は（素子指向性）×（アレーファクタ）で与えられる．これを**指向性相乗の原理**という．

4.2.3　N 素子リニアアレー

素子アンテナが直線上に配列されたアレーを**リニアアレー**という．図 4.16 のように，素子間隔を d，素子数を N，各素子アンテナは等振幅等位相で励振されるとするとき，N 素子リニアアレーのアレーファクタは次式のように等

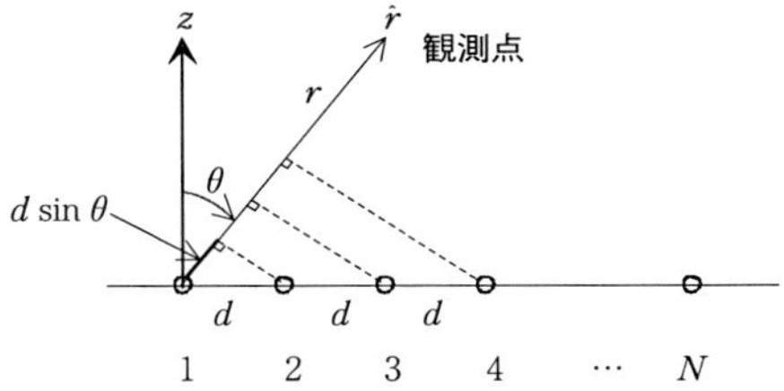

図 4.16　N 素子リニアアレー

比級数の和の形で与えられる.

$$
\begin{aligned}
A(\theta) &= 1+\exp(jkd\sin\theta)+\exp(jk2d\sin\theta)+\cdots+\exp(jk(N-1)d\sin\theta)\\
&= \sum_{n=1}^{N}\exp\,(jk(n-1)d\sin\theta)\\
&= \frac{1-\exp(jkNd\sin\theta)}{1-\exp(jkd\sin\theta)}\\
&= \frac{\exp\left(jk\frac{N}{2}d\sin\theta\right)\left\{\exp\left(-jk\frac{N}{2}d\sin\theta\right)-\exp\left(jk\frac{N}{2}d\sin\theta\right)\right\}}{\exp\left(jk\frac{1}{2}d\sin\theta\right)\left\{\exp\left(-jk\frac{1}{2}d\sin\theta\right)-\exp\left(jk\frac{1}{2}d\sin\theta\right)\right\}}\\
&= \exp\left(jk\frac{N-1}{2}d\sin\theta\right)\frac{2j\sin\{(N/2)kd\sin\theta\}}{2j\sin\{(1/2)kd\sin\theta\}} \qquad (4.31)
\end{aligned}
$$

ここで, $u=kd\sin\theta$ とおいて絶対値をとると, 次式を得る.

$$|A(\theta)|=\left|\frac{\sin(Nu/2)}{\sin(u/2)}\right| \qquad (4.32)$$

または, 最大値 N で規格化して,

$$|A(\theta)|=\left|\frac{\sin(Nu/2)}{N\sin(u/2)}\right| \qquad (4.33)$$

$N=7$ とした場合のリニアアレーのアレーファクタを図 4.17 に示す.

N 素子リニアアレーのアレーファクタの特徴は次のとおりである.

- $u=kd\sin\theta$ より, アレーファクタは周期 2π の周期関数である.
- $\theta=-\pi/2\sim\pi/2$ ($u=-kd\sim kd$) が指向性として現れる. これを**可視領域**という. 可視領域は素子間隔 d で決まる. 可視領域の外側は指向性に現れない (**不可視領域**という).
- $u=0$ の大きな放射を**メインローブ** (あるいは, **主ビーム**) という. それ以外の小さな放射を**サイドローブ**という. (なお, ローブ (lobe) は葉の意味

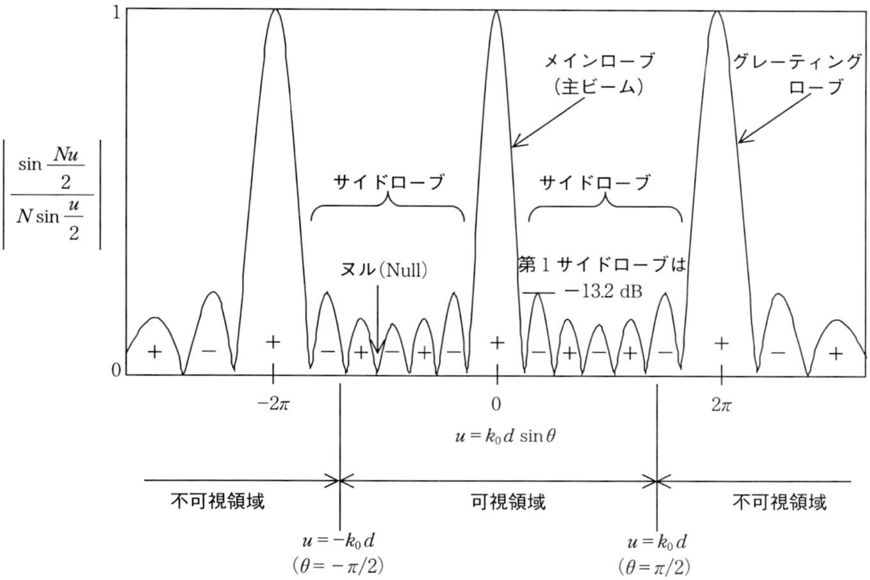

図 4.17　N 素子リニアアレーのアレーファクタ

である）

・放射が 0 となる点を**ヌル**（Null）または**ヌル点**という．

・$d=\lambda/2$ の場合，（素子数 N）＝（可視領域のヌル点の個数）＋1 という関係が成り立つ（"＋1" はメインローブに対応する）．

・N が大きいほどメインローブは鋭くなる．つまり，利得が増加する．

・第 1 サイドローブは −13.2 dB である．

・メインローブ以外（$u=2\pi$ の整数倍）の大きな放射を**グレーティングローブ**という．$d\geq\lambda$ のとき，可視領域内にグレーティングローブが発生し，利得は大きく低下する．このため，通常は可視領域にグレーティングローブが入らないように，$d<\lambda$ とする．

4.2.4　プラナーアレー（面アレー）

図 4.18 のように素子アンテナが平面上に配列されているアレーアンテナを**プラナーアレー（面アレー）**という．ここでは，$N\times M$ 素子の素子アンテナが xy 平面上に一定の素子間隔 d で配列されているとする．このとき，すべて

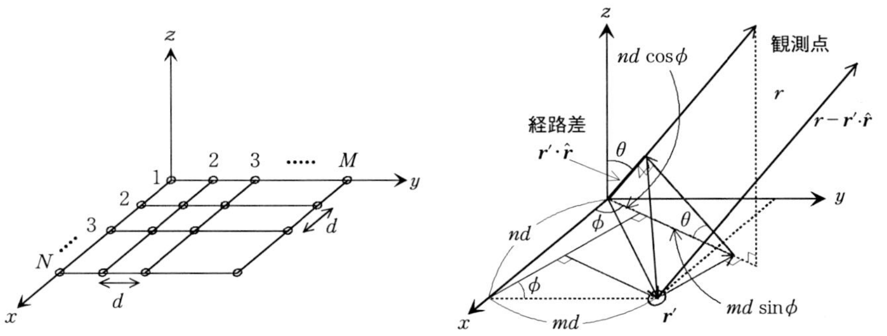

図 4.18 プラナーアレー

の素子が等振幅等位相で励振されているとして，プラナーアレーのアレーファクタを考える．

素子アンテナの位置 $\boldsymbol{r}'$ 　$x'=nd,\ y'=md,\ z'=0$

観測点方向の単位ベクトル　$\hat{\boldsymbol{r}}=\hat{\boldsymbol{x}}\sin\theta\cos\phi+\hat{\boldsymbol{y}}\sin\theta\sin\phi+\hat{\boldsymbol{z}}\cos\theta$

これらを用いて，

$$\boldsymbol{r}'\cdot\hat{\boldsymbol{r}}=\sin\theta(nd\cos\phi+md\sin\phi) \tag{4.34}$$

したがって，プラナーアレーファクタのアレーファクタは次式で与えられる．

$$\begin{aligned}A(\theta,\phi)&=\sum_{n=0}^{N-1}\sum_{m=0}^{M-1}\exp\{jkd\sin\theta(n\cos\phi+m\sin\phi)\}\\&=\sum_{n=0}^{N-1}\exp(jknd\sin\theta\cos\phi)\sum_{m=0}^{M-1}\exp(jkmd\sin\theta\sin\phi)\\&=\exp\left\{jkd\sin\theta\left(\frac{N-1}{2}\cos\phi+\frac{M-1}{2}\sin\phi\right)\right\}\\&\quad\times\frac{\sin\{(N/2)kd\sin\theta\cos\phi\}}{\sin\{(1/2)kd\sin\theta\cos\phi\}}\frac{\sin\{(M/2)kd\sin\theta\sin\phi\}}{\sin\{(1/2)kd\sin\theta\sin\phi\}}\end{aligned} \tag{4.35}$$

これは「x 軸方向の N 素子リニアアレーのアレーファクタ」と「y 軸方向の M 素子リニアアレーのアレーファクタ」の積で与えられている．x 軸方向の 1 列を 1 つの素子アンテナと見れば，この素子アンテナが y 軸方向に配列されていると考えることができる．つまり，「**アレー・オブ・アレー**」である．

4.2.5 代表的な励振分布と指向性

a. 一様分布（等振幅等位相）

図 4.19 のようにすべての素子アンテナを等振幅かつ等位相で励振する励振分布を**一様励振**という．一般に利得を最大としたい場合に用いられる．第 1 サ

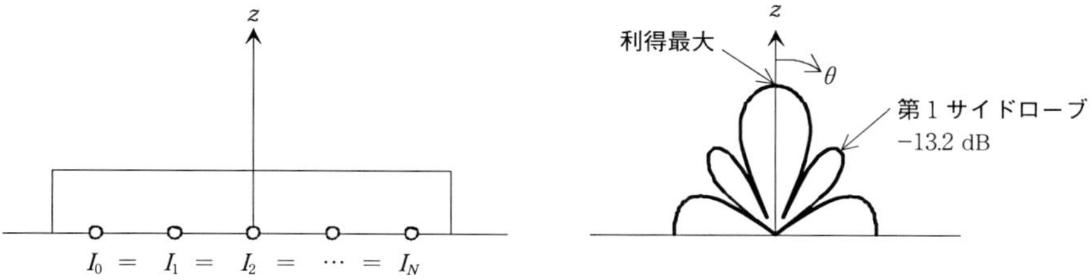

図 4.19　一様分布

イドローブは −13.2 dB となる.

b.　二項分布

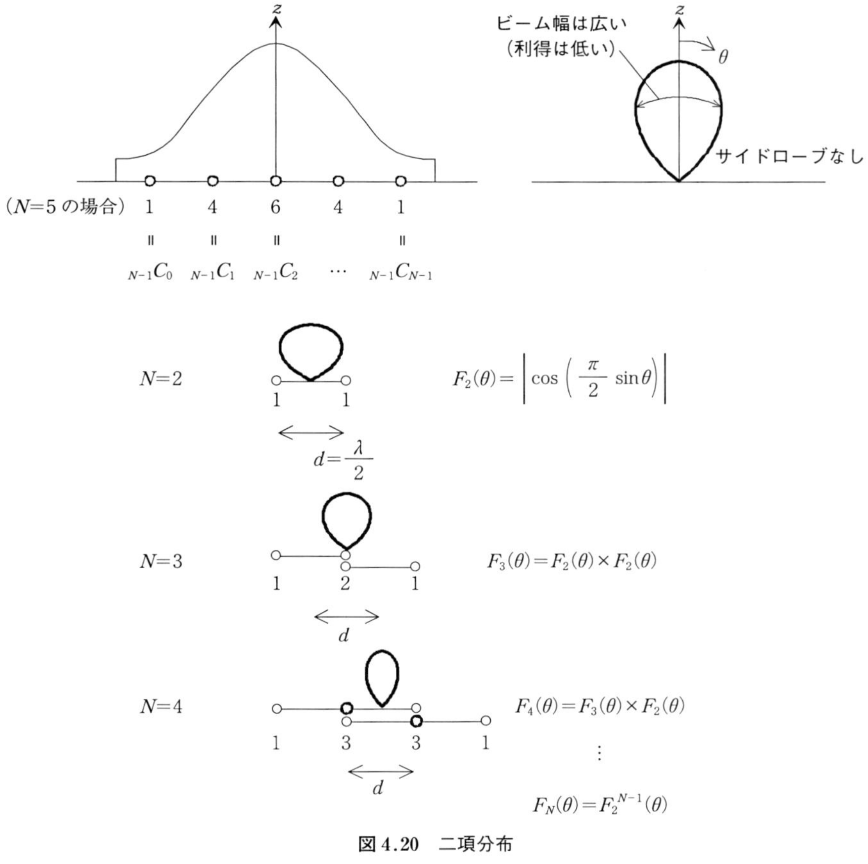

図 4.20　二項分布

二項分布とは素子アンテナの励振係数の大きさを二項分布とした分布であり，サイドローブのない指向性をつくる．ただし，ビーム幅が広いためアレー長の割に利得は高くない．

図 4.20 で示すように，サイドローブのない指向性となるのは「アレー・オブ・アレー」の考え方で説明することができる．はじめに，素子間隔 $\lambda/2$ の等振幅の 2 素子アレーをつくる．これはメインローブのみで，サイドローブのない指向性となる．次に，この 2 素子アレーを素子アンテナとみなしたものを $\lambda/2$ だけ位置をずらして 2 素子配列する．このとき，振幅の大きさが 1：2：1 の 3 素子アレーとなり，指向性はサイドローブのない素子アンテナの指向性とサイドローブのないアレーファクタの積で与えられる．これを繰り返すと二項分布となる．

c.　チェビシェフ分布

チェビシェフ分布とは指向性の形状にチェビシェフ多項式を利用した励振分布である（図 4.21）．アレーの中央は振幅が大きく，アレーの両端に向かうほど振幅が小さくなる（一般にサイドローブレベルを下げようとするとこのような励振分布となる）．チェビシェフ分布の特徴はサイドローブレベルが一定となり，しかも任意の値に設定することができることである．サイドローブレベルを小さくするほどビーム幅が広がるため，利得はあまり高くならない．

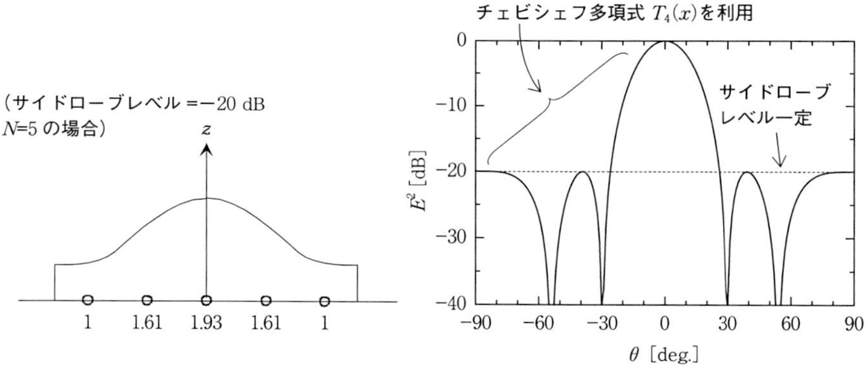

図 4.21　チェビシェフ分布

d.　テイラー分布

テイラー分布においては，図 4.22 のようにメインローブとその周辺のサイドローブをチェビシェフ分布の指向性とし，その外側を一様分布の指向性とす

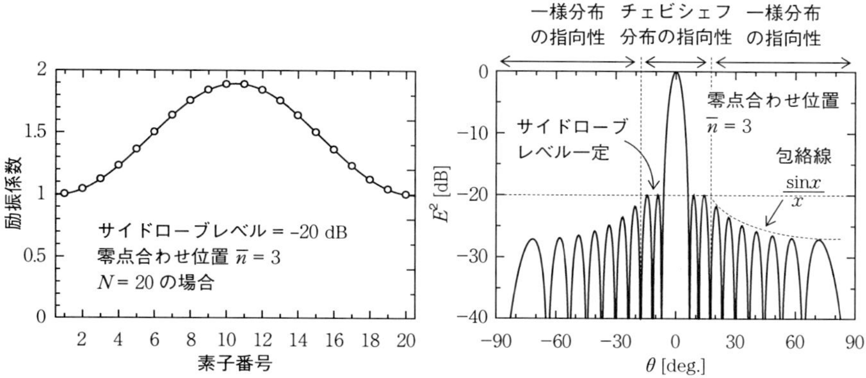

図 4.22　テイラー分布

る．このような指向性にすると，利得低下量を抑えつつサイドローブレベルを下げることのできる励振分布としてよく用いられる．チェビシェフ分布の指向性と一様分布の指向性を接続するヌル点の位置を $\bar{n}$ とすると，$\bar{n}$ はサイドローブレベルが連続となるように設定される．

e.　コセカント 2 乗パターン

例えば，鉄塔の上や建物の屋上に設置された携帯電話の基地局アンテナから

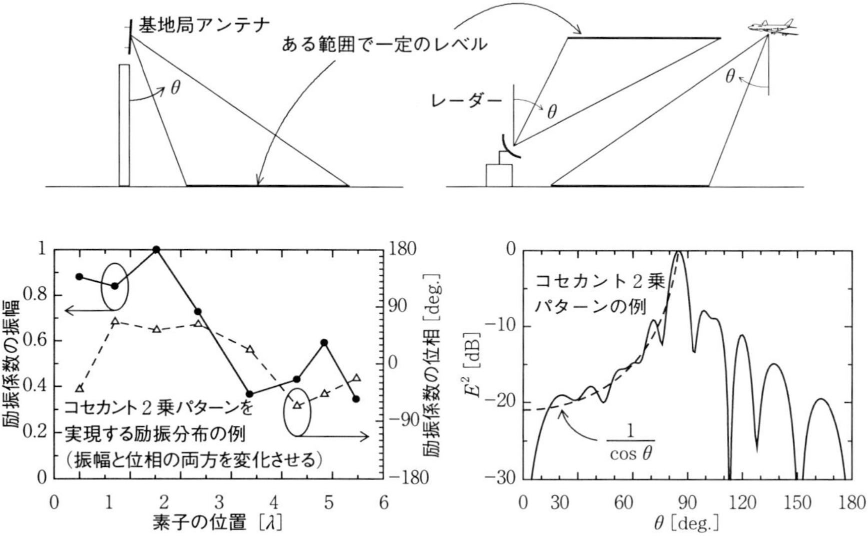

図 4.23　コセカント 2 乗パターン

地上に向けて放射する場合を考える（図 4.23）．基地局から離れるほど，送信点から受信点までの距離 r は $1/\cos\theta(=\mathrm{cosec}\,\theta)$ に比例して長くなる．他方，受信点での電界の大きさは $1/r$ に比例して小さくなる．そこで，基地局からの距離によらず受信点での電界の大きさを一定にするには，指向性の形状を $\mathrm{cosec}\,\theta$ とすればよい．このような指向性を**コセカント 2 乗パターン**という（2 乗があるのは電力パターンのためである）．携帯電話の基地局アンテナの他，レーダー用のアンテナに用いられる．

f. ビーム走査アンテナ

アレーアンテナのメインローブの方向を変化させるには，素子アンテナの励振係数の位相を変化させる必要がある．図 4.24 に示すように，素子間隔 d のリニアアレーにおいて，メインローブをブロードサイド方向から θ_0 だけ傾けるには，隣接する素子アンテナの位相差を $\delta=kd\sin\theta_0$ とすればよい．このときのアレーファクタは u 座標を δ だけ平行移動したものとなり，次式で与えられる．

$$|A(\theta)|=\left|\frac{\sin\{(N/2)kd(\sin\theta-\sin\theta_0)\}}{\sin\{(1/2)kd(\sin\theta-\sin\theta_0)\}}\right| \tag{4.36}$$

素子間隔が $d<\lambda$ の場合であっても，θ_0 の値を大きくするとグレーティングローブが発生する．$-\pi/2\sim+\pi/2$ の範囲でビームを走査させてもグレーティングローブを発生させないようにするには，$d<\lambda/2$ とする必要がある．アレーアンテナの各素子アンテナに移相器を取り付けて電子的にビーム走査させるアンテナを**フェーズドアレー**という．

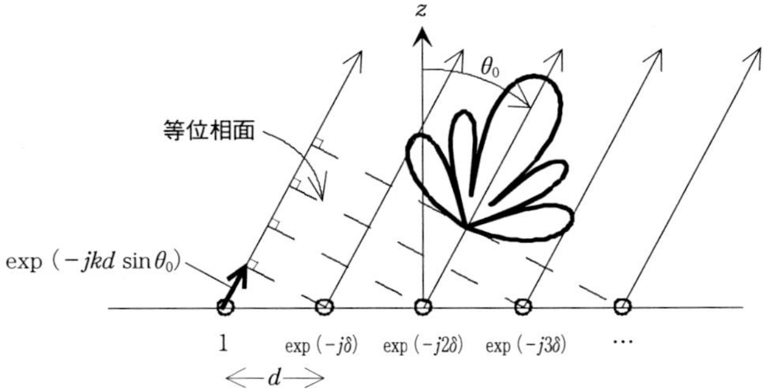

図 4.24 ビーム走査アンテナ

4.2.6 自己インピーダンスと相互インピーダンス

図4.25のような2素子のアレーアンテナを考える．アンテナ #1の給電点における電圧を V_1，電流を I_1 とする．同様に，アンテナ #2の給電点における電圧を V_2，電流を I_2 とする．アンテナ #1と #2が同時に励振されているとき，アンテナ #1の給電点電圧 V_1 は自身の電流によって誘起される電圧とアンテナ#2からの放射を受けて誘起される電圧の和で与えられる．アンテナ#2についても同様である．自身のアンテナ以外からの放射の影響を受けることを**相互結合**という．

2素子アレーアンテナの給電点電圧 V_1, V_2 と給電点電流 I_1, I_2 の関係は，Z 行列によって与えられる．

$$\begin{pmatrix} V_1 \\ V_2 \end{pmatrix} = \begin{pmatrix} Z_{11} & Z_{12} \\ Z_{21} & Z_{22} \end{pmatrix} \begin{pmatrix} I_1 \\ I_2 \end{pmatrix} \tag{4.37}$$

Z 行列の対角成分である Z_{11} と Z_{22} を自己インピーダンス，非対角成分である Z_{12} と Z_{21} を相互インピーダンスという．2素子のアンテナが同時に励振されている場合，それぞれのアンテナの入力インピーダンスは次式のようになる．

$$Z_1 = \frac{V_1}{I_1} = Z_{11} + \frac{I_2}{I_1} Z_{12} \tag{4.38}$$

$$Z_2 = \frac{V_2}{I_2} = Z_{22} + \frac{I_1}{I_2} Z_{21} \tag{4.39}$$

このように，アレーアンテナでは素子アンテナがそれぞれ単独で存在している場合と異なる入力インピーダンスを示す．これを**アクティブインピーダンス**という．

N 素子のアレーアンテナの場合，各素子アンテナの給電点電圧と給電点電流の関係は $N \times N$ の Z 行列で表現される．

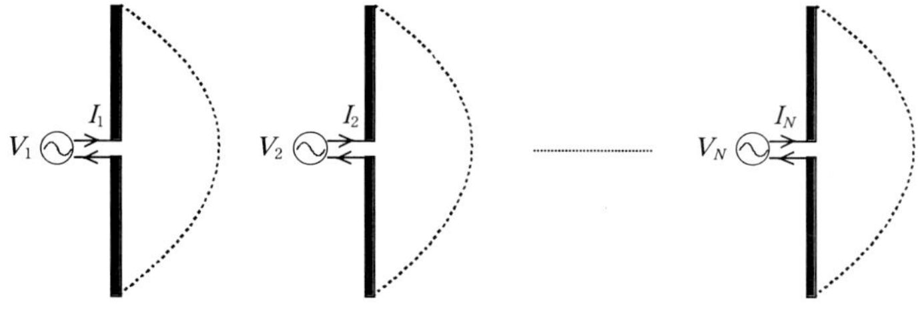

図4.25 自己インピーダンスと相互インピーダンス

$$\begin{pmatrix} V_1 \\ V_2 \\ \vdots \\ V_N \end{pmatrix} = \begin{pmatrix} Z_{11} & Z_{12} & \cdots & Z_{1N} \\ Z_{21} & Z_{22} & & \vdots \\ \vdots & & \ddots & \vdots \\ Z_{N1} & \cdots & \cdots & Z_{NN} \end{pmatrix} \begin{pmatrix} I_1 \\ I_2 \\ \vdots \\ I_N \end{pmatrix} \tag{4.40}$$

したがって，アンテナ #1 のアクティブインピーダンス Z_1 は

$$Z_1 = Z_{11} + \frac{I_2}{I_1} Z_{12} + \frac{I_3}{I_1} Z_{13} + \cdots + \frac{I_N}{I_1} Z_{1N} \tag{4.41}$$

となる．もし，$I_1 = I_2 = \cdots = I_N$ であれば

$$Z_1 = Z_{11} + Z_{12} + \cdots + Z_{1N} \tag{4.42}$$

である．

相互インピーダンス Z_{21} はアンテナ #1 からの放射電界を $E_{21}(z)$，アンテナ #2 上の電流分布を $j_2(z)$ とすると次式で計算することができる（起電力法）．

$$Z_{21} = -\frac{1}{I_1 I_2} \int_{\#2\text{上で}} E_{21}(z)\, j_2(z)\, dz \tag{4.43}$$

一例として，素子間隔 d で向かい合って配置された半波長ダイポールの相互インピーダンス $Z_{21} = R_{21} + jX_{21}$ は次の図 4.26 のようになる．

相互インピーダンスは $Z_{mn} = Z_{nm}$ が成り立つ．これを**相反性**という．
例として，次の図 4.27 の 2 素子半波長ダイポールアンテナの入力インピーダンス Z_{in} を求める．
対称性により，$I_1 = I_2$ であるから

$$V_1 = (Z_{11} + Z_{12}) I_1 \tag{4.44}$$

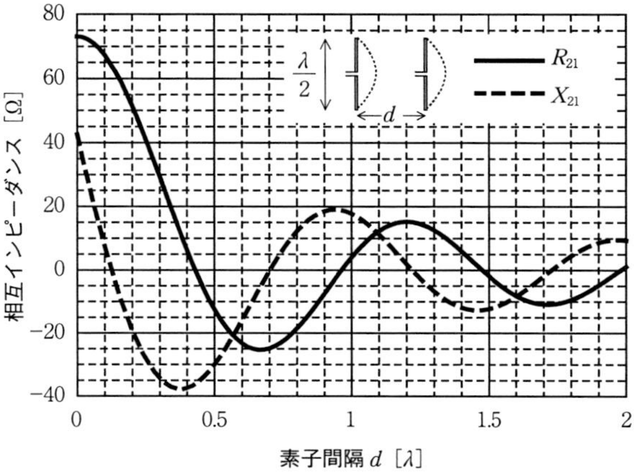

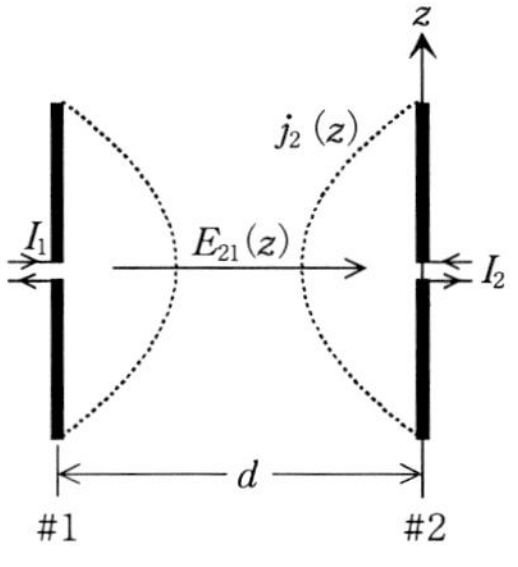

図 4.26 向かい合って配列された半波長ダイポールの相互インピーダンス

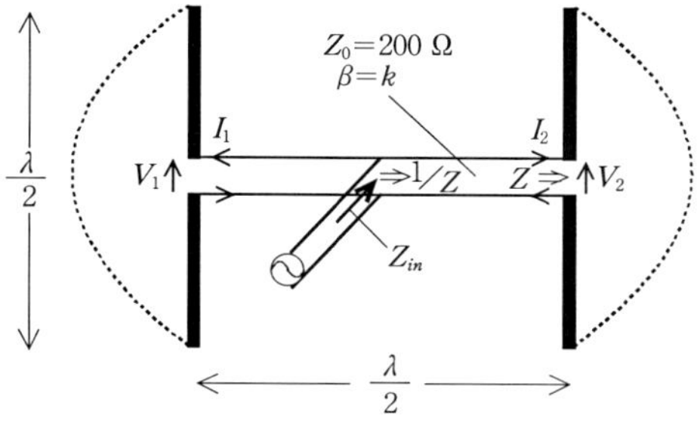

図 4.27　2素子半波長ダイポール（同相給電）の入力インピーダンス

$$V_2=(Z_{11}+Z_{12})I_2 \tag{4.45}$$

が成り立つ．したがって，各素子アンテナの入力インピーダンスは

$$Z_1=Z_2=Z_{11}+Z_{12} \tag{4.46}$$

相互インピーダンスの図（図 4.26）から値を読み取ると

$$Z_{11}=73+j43\ \Omega \quad (d=0) \tag{4.47}$$

$$Z_{12}=-13-j30\ \Omega \quad (d=0.5\lambda) \tag{4.48}$$

である．したがって，

$$Z_{11}+Z_{12}=60+j13\ \Omega \tag{4.49}$$

給電点では，長さが $\lambda/4$ の給電線路を介して見込んだ素子アンテナの入力インピーダンスが並列接続されているから，

$$Z_{in}=\frac{1}{2}\times 200\times\frac{1}{(60+j13)/200}=269-j57\ \Omega \tag{4.50}$$

となる（インピーダンスの参照面を $\lambda/4$ だけ移動する→スミスチャート上を半周する→規格化インピーダンスは逆数になる）．

4.2.7　アレーアンテナの利得

例として，次の 2 素子半波長ダイポールアンテナの相対利得 G を求める（図 4.28）．

供試アンテナの放射電界を E，放射電力を W とし，基準アンテナの半波長ダイポールの放射電界を E_0，放射電力を W_0 とする．このとき，利得は次式で与えられる．

$$G=\frac{E^2/W}{E_0^2/W_0} \tag{4.51}$$

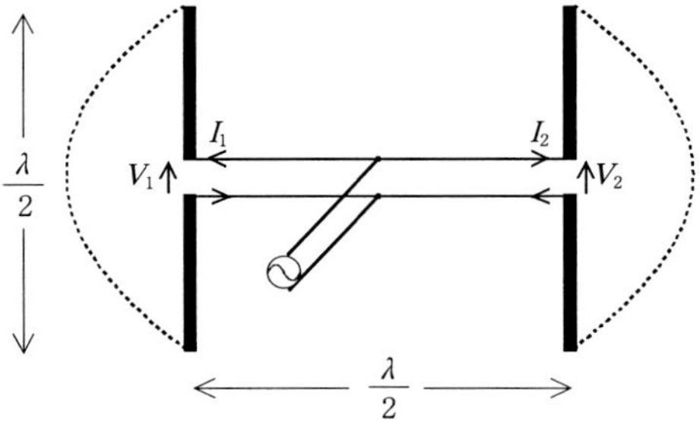

図 4.28　2素子半波長ダイポール（同相給電）の利得

素子アンテナの給電点電流は同位相であるため，$I_1=I_2$ である．各素子アンテナの放射抵抗は

$$R_1=R_2=R_{11}+R_{12} \tag{4.52}$$

であるから，供試アンテナの放射電力は

$$W=2\times(R_{11}+R_{12})I^2 \tag{4.53}$$

となる．また，基準アンテナである半波長ダイポールの放射電力は

$$W_0=R_{11}I^2 \tag{4.54}$$

である．基準アンテナの放射電界を E_0 とすると，$I_1=I_2$ より供試 2 素子アレーの放射電界は $2E_0$ である．よって，この場合の利得は次式で与えられる．

$$G=\frac{(2E_0)^2/2(R_{11}+R_{12})I^2}{E_0^2/R_{11}I^2}=\frac{2^2R_{11}}{2(R_{11}+R_{12})}=\frac{2R_{11}}{R_{11}+R_{12}} \tag{4.55}$$

$R_{11}=73\,\Omega$，$R_{12}=-13\,\Omega$ を代入すると，

$$G=2.4=3.8\,\mathrm{dBd} \tag{4.56}$$

を得る．

$I_1=I_2=\cdots=I_N$ とする N 素子アレーアンテナの利得は次式で与えられる．

$$G=\frac{(NE_0)^2\Big/I^2\sum_{n=1}^{N}\sum_{m=1}^{N}R_{nm}}{E_0^2/I^2R_{11}}=\frac{N^2R_{11}}{\sum_{n=1}^{N}\sum_{m=1}^{N}R_{nm}}=\frac{N^2R_{11}}{R_1+R_2+\cdots+R_N} \tag{4.57}$$

ただし，

$$R_n=R_{n1}+R_{n2}+\cdots+R_{nN} \tag{4.58}$$

である．

4.2.8 アレーアンテナの例

a. 八木・宇田アンテナ

八木・宇田アンテナはダイポールアンテナを複数配列した構造である（図4.29）．放射器は長さを約半波長として給電線路が接続され，反射器は半波長より少し長く，導波器は半波長より少し短くする．素子間隔は0.15〜0.25波長程度に設定される．反射器と導波器は放射器との相互結合により励振され，反射器に流れる電流は放射器の電流より位相が進み，導波器に流れる電流は位相が遅れる．このため，導波器の方向に放射するエンドファイアアレーとなる．放射器は相互結合により入力インピーダンスが低下するため，折り返しダイポールとすることが多い．反射器の本数を増やしても利得はあまり増加しないが，放射器の本数を増やすほど利得は増加する（アレー長を2倍にすると，約2 dB増加）．3素子で7 dBi程度，5素子で9 dBi程度の利得が得られる．構造がシンプルで高利得が得られるため，テレビ放送の受信用アンテナをはじめとして広く利用されている．素子アンテナとしてループアンテナを用いた八木・宇田アンテナもある．

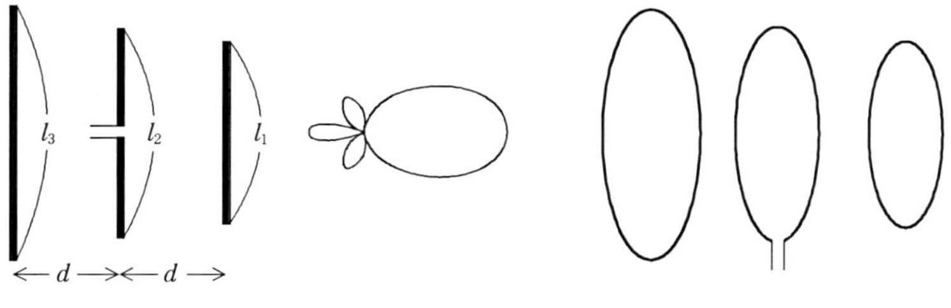

反射器　放射器　導波器

$$\begin{pmatrix} 0 \\ V \\ 0 \end{pmatrix} = \begin{pmatrix} Z_{11} \cdots\cdots & \\ \vdots & \vdots \\ \cdots\cdots & Z_{33} \end{pmatrix} \begin{pmatrix} I_1 \\ I_2 \\ I_3 \end{pmatrix}$$

$l_1 < \frac{\lambda}{2} \cdots \exp(-\delta)$

$l_2 = \frac{\lambda}{2} \cdots$ 低インピーダンス→折り返し

$l_3 > \frac{\lambda}{2} \cdots \exp(+\delta)$

$d = 0.15 \sim 0.25\lambda$

図4.29　八木・宇田アンテナ

b. 対数周期アンテナ

対数周期アンテナ（**ログペリアンテナ**）は，図 4.30 のように隣接するダイポールアンテナの長さと間隔を一定の比率（0.7〜0.9 程度）として複数配列した構造である．最も長さの短い素子側から給電され，隣接する素子で給電線路を交差させて素子と給電線路が接続される．広帯域なアンテナとして利用される．利得は 5〜10 dBi 程度である．

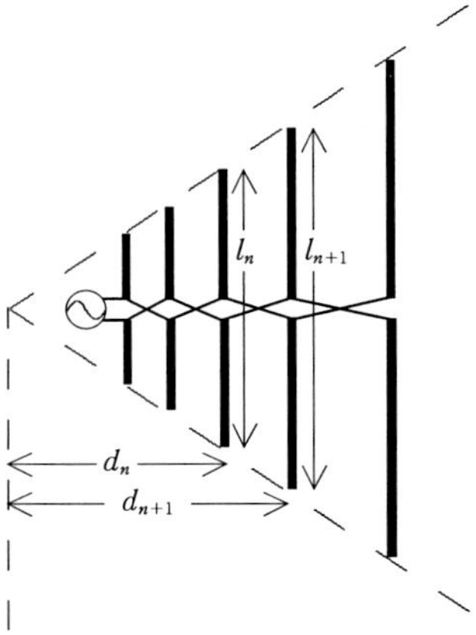

$$\frac{l_n}{l_{n+1}} = \frac{d_n}{d_{n+1}} = \text{定数}\ (0.7 \sim 0.9\ \text{程度})$$

広帯域，利得は 5 〜 10 dBi 程度

図 4.30 対数周期アンテナ（ログペリアンテナ）

c. ターンスタイルアンテナ

ターンスタイルアンテナは，図 4.31 のように水平に置かれた 2 本の半波長ダイポールを直交配置した構造で，これらを位相差 $\pi/2$ で給電すると水平面内無指向性の水平偏波が放射される．ダイポール素子の幅を縦方向に広げてコウモリの翼のような形状としたものは**バット・ウィングアンテナ**とよばれ，広帯域な特性を示す．これを

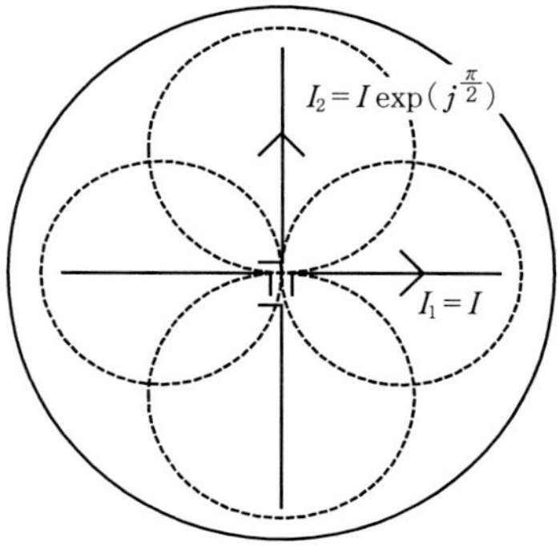

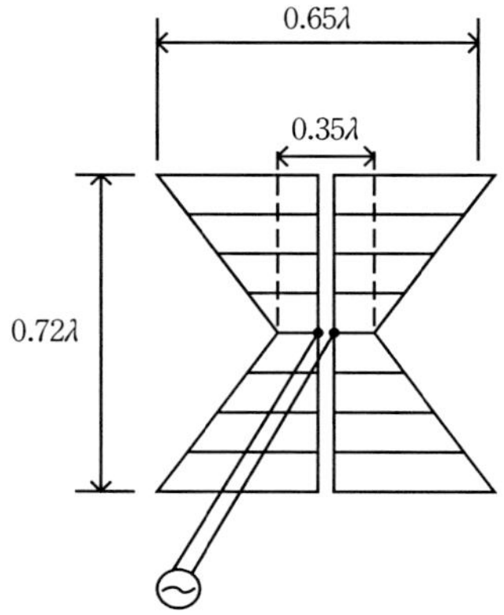

図 4.31 ターンスタイルアンテナ

直交配置したアンテナは**スーパー・ターンスタイルアンテナ**とよばれ，テレビ放送の送信用アンテナとして利用される．

d. コリニアアンテナ

ダイポールアンテナを垂直方向に複数配列したアンテナを**コリニアアンテナ**という（図 4.32）．水平面内は無指向性，垂直面内は鋭い指向性の垂直偏波が放射される．コリニアアンテナと反射板を組み合わせて，水平面のビーム幅を $(2\pi)/3$ としたアンテナは携帯電話の基地局用アンテナとして用いられている．隣接する基地局との干渉を避けるため，垂直面の指向性は水平方向からやや下側にメインローブが向くように給電回路によって調整される．

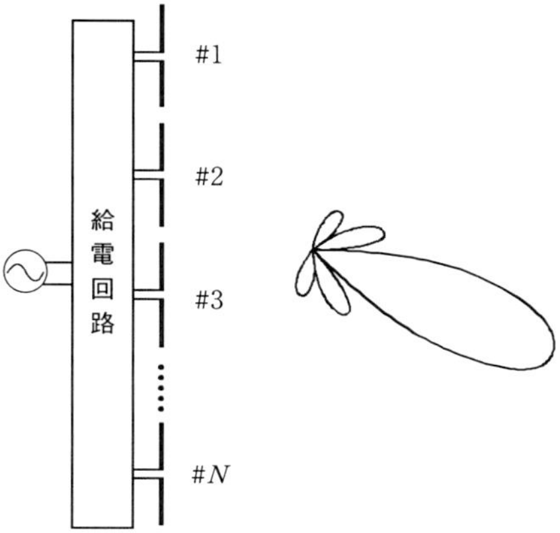

図 4.32 コリニアアンテナ
携帯電話・PHS などの基地局用に用いられる．垂直偏波，水平面内無指向性．

e. 反射板付きダイポールアンテナ

ダイポールアンテナの後方に反射板を置き，前方方向に放射されるアンテナを反射板付きダイポールという（図 4.33）．反射板付きダイポールは逆位相の影像アンテナとの 2 素子アレーと等価である．ダイポールアンテナと反射板の距離を d とし，ダイポールアンテナを垂直に設置した場合の水平面指向性（アレーファクタ）は次式で与えられる．

$$|A(\theta)| = |\exp(jkd\cos\theta) - \exp(-jkd\cos\theta)| = |2\sin(kd\cos\theta)| \quad (4.59)$$

$d=\lambda/4$ とした場合の入力インピーダンス Z_{in} と相対利得 G は次のように計算される．

$$Z_{in} = Z_{11} + \frac{(-I)}{I} Z_{12} = 73 + j43 - (-12.5 - j30) = 86 + j73\ \Omega \quad (4.60)$$

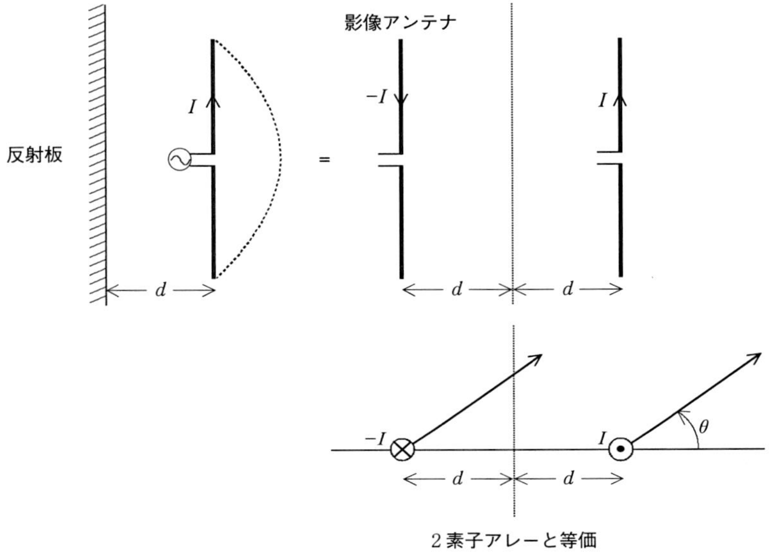

図 4.33　反射板付ダイポール

$$G=\frac{(2E_0)^2/86I^2}{E_0^2/73I^2}=3.4=5.6\ \mathrm{dBd} \qquad (4.61)$$

f. コーナーリフレクタアンテナ

コーナーリフレクタアンテナは反射板付きダイポールの反射板を折り曲げた

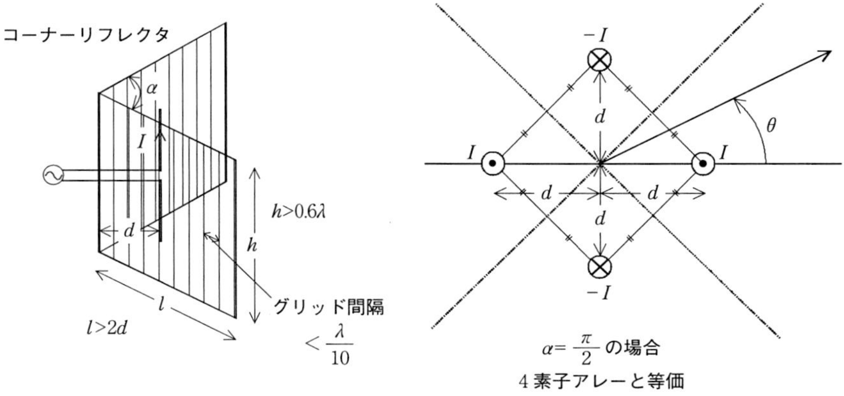

図 4.34　コーナーリフレクタ

形状である（図 4.34）．反射板付ダイポールと比較して水平面指向性は鋭い指向性が得られ，利得も増加する．反射板の開き角 a とすると，$a=\pi/2$ の場合は 4 素子アレーと等価，$a=\pi/3$ の場合は 6 素子アレーと等価である．ダイポールアンテナと反射板の距離を $d=0.5\lambda$ した場合の相対利得 G は次のようになる．

$$\alpha=\pi/2\cdots G=9.26=9.7\ \mathrm{dBd} \tag{4.62}$$

$$\alpha=\pi/3\cdots G=16.5=12.2\ \mathrm{dBd} \tag{4.63}$$

4.3　開口面アンテナ

方形導波管や円形導波管を徐々に広げた構造のアンテナを**ホーンアンテナ**という（図 4.35）．また，パラボラアンテナのように，反射鏡の焦点の位置にホーンアンテナなどの一次放射器を置いたアンテナを**反射鏡アンテナ**あるいは**リフレクタアンテナ**（図 4.35）という．これらのアンテナでは，開口面における電磁界が等価的に波源の役割を果たして空間に放射すると考えることができる．このようなアンテナを**開口面アンテナ**という．

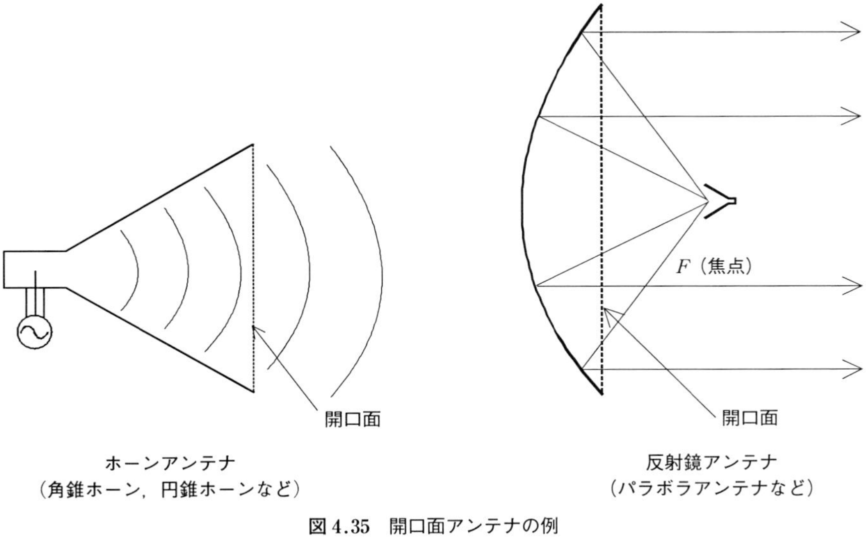

図 4.35　開口面アンテナの例

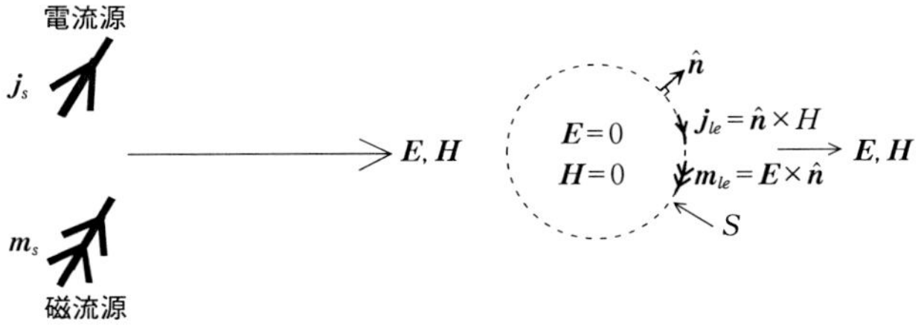

図 4.36　等価定理

4.3.1　等価波源の性質（等価定理）

図 4.36 に示すように，波源として電流源 $\boldsymbol{j}_s$ と磁流源 $\boldsymbol{m}_s$ が存在し，空間に電界 $\boldsymbol{E}$ と磁界 $\boldsymbol{H}$ が放射されているとする．この電流源 $\boldsymbol{j}_s$ と磁流源 $\boldsymbol{m}_s$ を取り囲むように閉曲面 S を考える．S 上の電磁界 $\boldsymbol{E}$ と $\boldsymbol{H}$ を用いて，閉曲面 S 上に等価波源

$$\boldsymbol{j}_{le}=\hat{\boldsymbol{n}}\times\boldsymbol{H} \qquad \text{(等価面電流)} \tag{4.64}$$

$$\boldsymbol{m}_{le}=\boldsymbol{E}\times\hat{\boldsymbol{n}} \qquad \text{(等価面磁流)} \tag{4.65}$$

を定義する．ただし，$\hat{\boldsymbol{n}}$ は S に対して外向きの単位法線ベクトルとする．このとき，この等価波源 $\boldsymbol{j}_{le}$ と $\boldsymbol{m}_{le}$ から閉曲面 S の外側に放射される電磁界は，当初の波源 $\boldsymbol{j}_s$ と $\boldsymbol{m}_s$ から放射される電磁界と同一となる．これを等価定理という．なお，等価波源 $\boldsymbol{j}_{le}$ と $\boldsymbol{m}_{le}$ は閉曲面 S の内側に電磁界をつくらない．

4.3.2　開口からの放射

図 4.37 に示すように，xy 面上に開口面 S があり，$z>0$ の空間に放射しているとする．開口面 S 上の電界 $\boldsymbol{E}_a$ と磁界 $\boldsymbol{H}_a$ が存在し，開口面 S 以外の xy 平面上では $\boldsymbol{E}=\boldsymbol{H}=0$ とする．このとき，開口からの放射界を等価波源

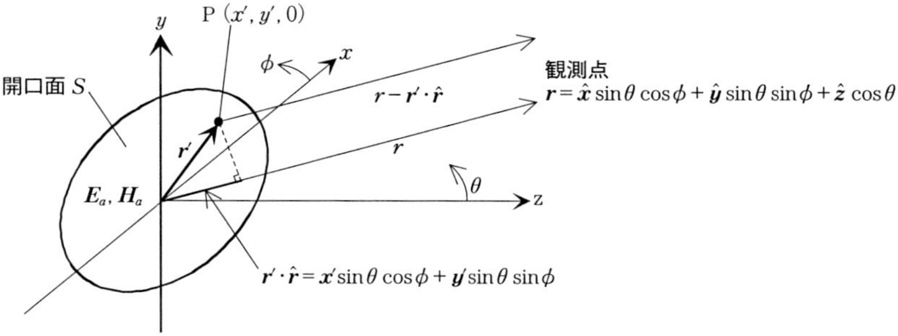

図 4.37　開口からの放射

$\boldsymbol{j}_{le}=\hat{\boldsymbol{n}}\times\boldsymbol{H}_a$ および $\boldsymbol{m}_{le}=\boldsymbol{E}_a\times\hat{\boldsymbol{n}}$ を用いて求める．

遠方界（$kr\gg1$）における電流源 $\boldsymbol{j}_s$ に対するベクトルポテンシャルおよび電磁界は，次の近似式で与えられる．

$$\boldsymbol{A}\cong\frac{\mu}{4\pi}\frac{\exp(-jkr)}{r}\int_V \boldsymbol{j}_s\exp(jk\boldsymbol{r}'\cdot\hat{\boldsymbol{r}})dv \tag{4.66}$$

$$\boldsymbol{E}=-j\omega(A_\theta\hat{\boldsymbol{\theta}}+A_\phi\hat{\boldsymbol{\phi}}) \tag{4.67}$$

$$\boldsymbol{H}=\frac{1}{Z}\hat{\boldsymbol{r}}\times\boldsymbol{E} \tag{4.68}$$

ただし，$\boldsymbol{r}'$ は xy 平面上の波源の位置（$z'=0$）であり，$\hat{\boldsymbol{r}}$ は観測点の方向（θ, $\boldsymbol{\phi}$）を表す $\boldsymbol{r}$ 方向の単位ベクトルである．このとき，

$$\boldsymbol{r}'\cdot\hat{\boldsymbol{r}}=x'\sin\theta\cos\phi+y'\sin\theta\sin\phi \tag{4.69}$$

である．これらの式を用いると，等価面電流 $\boldsymbol{j}_{le}=\hat{\boldsymbol{n}}\times\boldsymbol{H}_a$ から放射される遠方界は次式で与えられる．

$$\boldsymbol{N}=\int_S \boldsymbol{j}_{le}\exp(jk\boldsymbol{r}'\cdot\hat{\boldsymbol{r}})ds \tag{4.70}$$

$$\boldsymbol{E}=-\frac{jkZ}{4\pi}\frac{\exp(-jkr)}{r}(N_\theta\hat{\boldsymbol{\theta}}+N_\phi\hat{\boldsymbol{\phi}}) \tag{4.71}$$

$$\boldsymbol{H}=-\frac{jk}{4\pi}\frac{\exp(-jkr)}{r}(-N_\phi\hat{\boldsymbol{\theta}}+N_\theta\hat{\boldsymbol{\phi}}) \tag{4.72}$$

また，等価面磁流 $\boldsymbol{m}_{le}=\boldsymbol{E}_a\times\hat{\boldsymbol{n}}$ から放射される遠方界は次式で与えられる．

$$\boldsymbol{L}=\int_S \boldsymbol{m}_{le}\exp(jk\boldsymbol{r}'\cdot\hat{\boldsymbol{r}})ds \tag{4.73}$$

$$\boldsymbol{E}=-\frac{jk}{4\pi}\frac{\exp(-jkr)}{r}(L_\phi\hat{\boldsymbol{\theta}}-L_\theta\hat{\boldsymbol{\phi}}) \tag{4.74}$$

$$\boldsymbol{H}=-\frac{jk}{4\pi Z}\frac{\exp(-jkr)}{r}(L_\theta\hat{\boldsymbol{\theta}}+L_\phi\hat{\boldsymbol{\phi}}) \tag{7.75}$$

ここで，電磁界の双対性（$\boldsymbol{j}_{le}\to\boldsymbol{m}_{le}$, $\boldsymbol{E}\to\boldsymbol{H}$, $\boldsymbol{H}\to-\boldsymbol{E}$, $\mu\to\varepsilon$, $Z\to1/Z$）を用いた．また，$\boldsymbol{N}$ と $\boldsymbol{L}$ を**放射ベクトル**という．

さらに，等価面電流と等価面磁流による放射界の合計は次式のようになる．

$$\boldsymbol{E}=-\frac{jkZ}{4\pi}\frac{\exp(-jkr)}{r}\left\{\hat{\boldsymbol{\theta}}\left(N_\theta+\frac{L_\phi}{Z}\right)+\hat{\boldsymbol{\phi}}\left(N_\phi-\frac{L_\theta}{Z}\right)\right\} \tag{4.76}$$

$$\boldsymbol{H}=-\frac{jk}{4\pi}\frac{\exp(-jkr)}{r}\left\{\hat{\boldsymbol{\theta}}\left(-N_\phi+\frac{L_\theta}{Z}\right)+\hat{\boldsymbol{\phi}}\left(N_\theta+\frac{L_\phi}{Z}\right)\right\} \tag{4.77}$$

ここで，開口面 S が大きい場合，開口上の電磁界は平面波の関係

$$\boldsymbol{E}_a = Z\boldsymbol{H}_a \times \hat{\boldsymbol{z}} \tag{4.78}$$

が成り立つ．したがって，放射ベクトル $\boldsymbol{N}$ と $\boldsymbol{L}$ は次の関係式が成り立つ．

$$\boldsymbol{L} = Z\,\hat{\boldsymbol{z}} \times \boldsymbol{N} \tag{4.79}$$

$\boldsymbol{N}$ と $\boldsymbol{L}$ を極座標で表すと，

$$\begin{aligned}\boldsymbol{N} &= \hat{\boldsymbol{x}}N_x + \hat{\boldsymbol{y}}N_y \\ &= (\hat{\boldsymbol{r}}\sin\theta\cos\phi + \hat{\boldsymbol{\theta}}\cos\theta\cos\phi - \hat{\boldsymbol{\phi}}\sin\phi)N_x \\ &\quad + (\hat{\boldsymbol{r}}\sin\theta\sin\phi + \hat{\boldsymbol{\theta}}\cos\theta\sin\phi + \hat{\boldsymbol{\phi}}\cos\phi)N_y\end{aligned} \tag{4.80}$$

$$\begin{aligned}\frac{1}{Z}\boldsymbol{L} &= \hat{\boldsymbol{y}}N_x - \hat{\boldsymbol{x}}N_y \\ &= (\hat{\boldsymbol{r}}\sin\theta\sin\phi + \hat{\boldsymbol{\theta}}\cos\theta\sin\phi + \hat{\boldsymbol{\phi}}\cos\phi)N_x \\ &\quad - (\hat{\boldsymbol{r}}\sin\theta\cos\phi + \hat{\boldsymbol{\theta}}\cos\theta\cos\phi - \hat{\boldsymbol{\phi}}\sin\phi)N_y\end{aligned} \tag{4.81}$$

であるから，

$$\begin{aligned}N_\theta + \frac{L_\phi}{Z} &= N_x\cos\theta\cos\phi + N_y\cos\theta\sin\phi + N_x\cos\phi + N_y\sin\phi \\ &= N_x\cos\phi(1+\cos\theta) + N_y\sin\phi(1+\cos\theta) \\ &= (1+\cos\theta)(N_x\cos\phi + N_y\sin\phi)\end{aligned} \tag{4.82}$$

$$\begin{aligned}N_\phi - \frac{L_\theta}{Z} &= -N_x\sin\phi + N_y\cos\phi - N_x\cos i\theta\cos\phi + N_y\cos\theta\cos\phi \\ &= (1+\cos\theta)(-N_x\sin\phi + N_y\cos\phi)\end{aligned} \tag{4.83}$$

よって，開口から放射界は次式で与えられる．

$$\begin{aligned}\boldsymbol{E} = -\frac{jkZ}{4\pi}\frac{\exp(-jkr)}{r}(1+\cos\theta)\{&\hat{\boldsymbol{\theta}}(N_x\cos\phi + N_y\sin\phi) \\ &+ \hat{\boldsymbol{\phi}}(-N_x\sin\phi + N_y\cos\phi)\}\end{aligned} \tag{4.84}$$

ここで，$(1+\cos\theta)$ は**カージオイド指向性**とよばれ，平面波の関係を有する

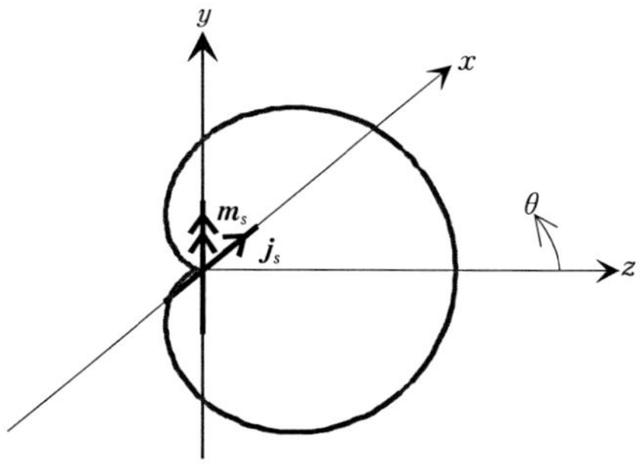

図 4.38　カージオイド指向性

電磁界と等価な点波源（微小電流ダイポールと微小磁流ダイポールを組み合わせた波源，**ホイヘンスの波源**）がもつ指向性であり，図 4.38 のような単向性となる．なお，N_x と N_y は次式で与えられる．

$$\boldsymbol{N}=-\frac{1}{Z}\iint_S \boldsymbol{E}_a(x',y')\exp\{jk(x'\sin\theta\cos\phi+y'\sin\theta\sin\phi)\}dx'dy' \tag{4.85}$$

この式はフーリエ変換と同じ式である．つまり，開口面上の電界分布と遠方界指向性はフーリエ変換の関係にある．

4.3.3　方形開口（一様分布）からの放射

図 4.39 のような方形開口からの放射を考え，電界の y 成分を有する一様な方形開口からの放射界を求める．このとき，開口上の電界分布 $\boldsymbol{E}_a$ は次式で与えられる．

$$\boldsymbol{E}_a=\hat{\boldsymbol{y}}E_0 \qquad \left(-\frac{a}{2}\leq x\leq\frac{a}{2},-\frac{b}{2}\leq y\leq\frac{b}{2}\right) \tag{4.86}$$

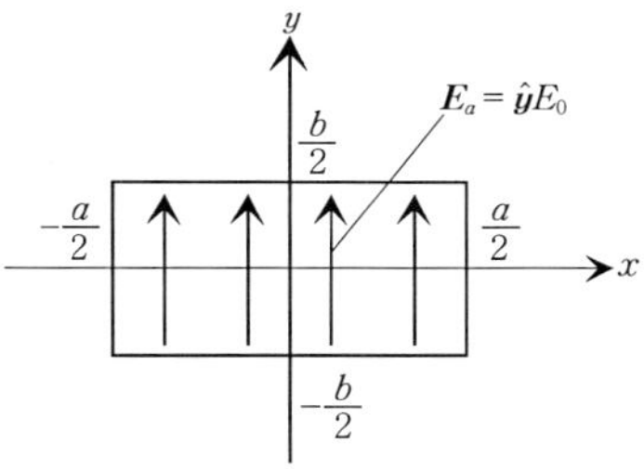

図 4.39　方形開口からの放射

このとき，$u=k\sin\theta\cos\phi$，$v=k\sin\theta\sin\phi$ として，放射ベクトル $\boldsymbol{N}$ を求めると，

$$\begin{aligned}\boldsymbol{N}&=-\frac{1}{Z}\iint_S \boldsymbol{E}_a\exp(jux'+jvy')dx'dy'\\&=-\hat{\boldsymbol{y}}\frac{E_0}{Z}\int_{-\frac{a}{2}}^{\frac{a}{2}}\exp(jux')dx'\times\int_{-\frac{b}{2}}^{\frac{b}{2}}\exp(jvy')dy'\\&=-\hat{\boldsymbol{y}}\frac{E_0}{Z}\left[\frac{\exp(jux')}{ju}\right]_{-\frac{a}{2}}^{\frac{a}{2}}\times\left[\frac{\exp(jvy')}{jv}\right]_{-\frac{b}{2}}^{\frac{b}{2}}\\&=-\hat{\boldsymbol{y}}\frac{E_0}{Z}\left[\frac{2j\sin\{u\cdot(a/2)\}}{ju}\right]\times\left[\frac{2j\sin\{v\cdot(b/2)\}}{jv}\right]\\&=-\hat{\boldsymbol{y}}\frac{E_0}{Z}ab\frac{\sin\{(ka/2)\cdot\sin\theta\cos\phi\}}{(ka/2)\cdot\sin\theta\cos\phi}\frac{\sin\{(kb/2)\cdot\sin\theta\sin\phi\}}{(kb/2)\cdot\sin\theta\sin\phi}\end{aligned} \tag{4.87}$$

よって，放射界は次のようになる．

$$\boldsymbol{E}=\frac{jk}{4\pi}\frac{\exp(-jkr)}{r}E_0ab(1+\cos\theta)$$

$$\times \frac{\sin\{(ka/2)\cdot\sin\theta\cos\phi\}}{(kb/2)\cdot\sin\theta\cos\phi} \frac{\sin\{(kb/2)\cdot\sin\theta\sin\phi\}}{(kb/2)\cdot\sin\theta\sin\phi}(\hat{\boldsymbol{\theta}}\sin\phi+\hat{\boldsymbol{\phi}}\cos\phi) \tag{4.88}$$

E 面指向性は yz 面であるので $\phi=\pi/2$，H 面指向性は xz 面であるので $\phi=0$ をそれぞれ代入すれば得られる．一様な方形開口から放射される指向性は $(\sin x)/x$ の形となる．

4.3.4 円形開口（一様分布）からの放射

図 4.40 のような円形開口からの放射を考え，電界の y 成分を有する半径 a の一様な円形開口からの放射界を求める．円形開口の場合，放射ベクトル $\boldsymbol{N}$ の積分を円筒座標で行う．

$$\boldsymbol{N}=-\hat{\boldsymbol{y}}\frac{E_0}{Z}\int_0^{2\pi}\int_0^a \exp\{jk\rho'\sin\theta\cos(\phi-\phi')\}\cdot\rho' d\rho' d\phi' \tag{4.89}$$

ここで，次のベッセル関数の積分公式 $\int_0^{2\pi}\exp(jr\cos\phi)d\phi=2\pi J_0(r)$ を用いると，

$$\boldsymbol{N}=-\hat{\boldsymbol{y}}\frac{E_0}{Z}\cdot 2\pi\int_0^a \rho' J_0(k\rho'\sin\theta)d\rho' \tag{4.90}$$

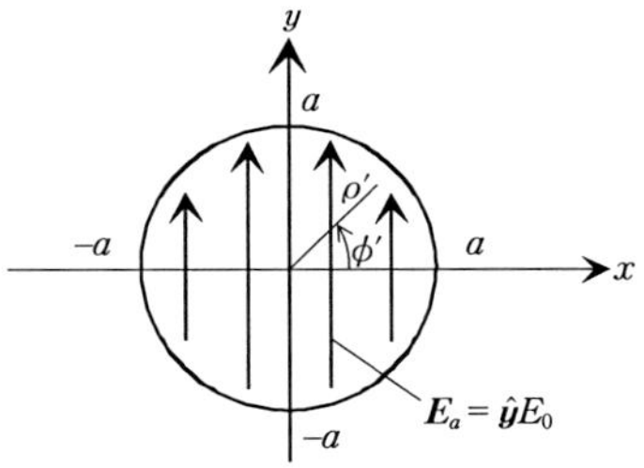

図 4.40　円形開口からの放射

さらに，$d/dr(r^n J_n(\alpha r))=\alpha r^n J_{n-1}(\alpha r)$ の公式において，$n=1$ とすると，$(1/\alpha)rJ_1(\alpha r)=\int rJ_0(\alpha r)dr$ である．これを用いると，

$$\begin{aligned}\boldsymbol{N}&=-\hat{\boldsymbol{y}}\frac{E_0}{Z}2\pi\frac{1}{k\sin\theta}[\rho' J_1(k\rho'\sin\theta)]_0^a\\&=-\hat{\boldsymbol{y}}\frac{E_0}{Z}2\pi\frac{a^2J_1(ka\sin\theta)}{ak\sin\theta}\end{aligned} \tag{4.91}$$

よって，

$$\boldsymbol{E}=\frac{jk}{4\pi}\frac{\exp(-jkr)}{r}E_0 2\pi a^2(1+\cos\theta)\frac{J_1(ka\sin\theta)}{ka\sin\theta}(\hat{\boldsymbol{\theta}}\sin\phi+\hat{\boldsymbol{\phi}}\cos\phi) \tag{4.92}$$

一様な円形開口から放射される指向性は $J_1(x)/x$ の形となる（図 4.41）．

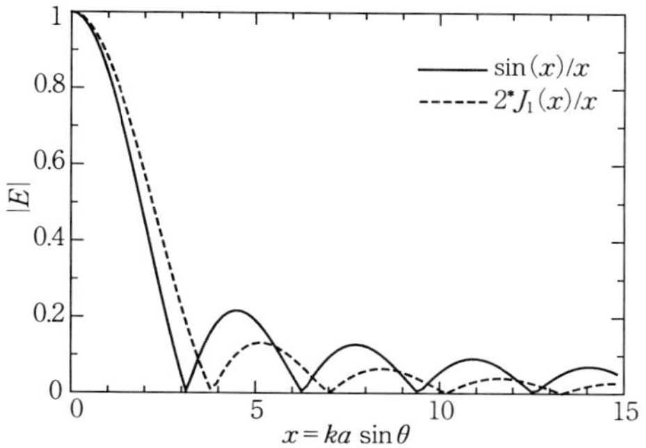

図 4.41　一様な方形開口と円形開口の指向性の比較

4.3.5　開口面アンテナの利得

開口面アンテナでは一般にアンテナの正面方向が最大放射方向となる．そこで，$\theta \cong 0$ と近似する（近軸近似）．この場合の放射界は次のようになる．

$$\boldsymbol{E} \cong -\frac{jkZ}{4\pi}\frac{\exp(-jkr)}{r}(1+\cos 0)\boldsymbol{N}$$
$$=\frac{jk}{2\pi}\frac{\exp(-jkr)}{r}\iint_S \boldsymbol{E}_a \exp(jux'+jvy')\,dx'dy' \qquad (4.93)$$

さらに，$u=k\sin\theta\cos\phi\cong 0$，$v=k\sin\theta\sin\phi\cong 0$ であるので，

$$\boldsymbol{E} \cong \frac{\exp(-jkr)}{r}\frac{j}{\lambda}\iint_S \boldsymbol{E}_a\,ds \qquad (4.94)$$

と近似される．

開口から放射される放射電力は開口面を通過する電力に等しいから，開口面上のポインティングベクトルを積分することで放射電力を求めることができる．

$$P=\iint_S \frac{|\boldsymbol{E}_a|^2}{Z}\,ds \qquad (4.95)$$

したがって，開口面アンテナの利得 G は次式で与えられる．

$$G=\frac{|\boldsymbol{E}|^2/Z}{P/(4\pi r^2)}=\frac{4\pi r^2(1/r\lambda)^2\left|\iint_S \boldsymbol{E}_a\,ds\right|^2}{Z\iint_S \frac{|\boldsymbol{E}_a|^2}{Z}\,ds}=\frac{4\pi}{\lambda^2}\frac{\left|\iint_S \boldsymbol{E}_a\,ds\right|^2}{\iint_S |\boldsymbol{E}_a|^2 ds} \qquad (4.96)$$

ここで，シュワルツの不等式 $\left(\iint_S f\cdot g\,dx\,dy\right)^2 \leq \iint_S f^2\,dx\,dy \iint_S g^2\,dx\,dy$ において，$f=E_a$，$g=1$ とおくと，

$$\frac{\left|\iint_S \boldsymbol{E}_a\,ds\right|^2}{\iint_S |\boldsymbol{E}_a|^2\,ds} \leq A \tag{4.97}$$

が成り立つ．ただし，A は開口面 S の面積である．等号が成立するのは，$E_a=$ 定数の場合である．つまり，利得 G が最大となるのは開口面の電界分布が等振幅・等位相となる一様分布の場合であり，利得の最大値は次式で与えられる．

$$G_{\max}=\frac{4\pi}{\lambda^2}A \tag{4.98}$$

また，

$$A_{eff}=\frac{\left|\iint_S \boldsymbol{E}_a\,ds\right|^2}{\iint_S |\boldsymbol{E}_a|^2\,ds} \tag{4.99}$$

を**実効開口面積**という．開口面積 A に対する実効開口面積 A_{eff} の割合を**開口効率** η という．

$$\eta=\frac{A_{eff}}{A}=\frac{\left|\iint_S \boldsymbol{E}_a\,ds\right|^2}{A\iint_S |\boldsymbol{E}_a|^2\,ds} \tag{4.100}$$

開口効率 η を用いると，開口面アンテナの利得 G は次のように表すこともできる．

$$G=\frac{4\pi}{\lambda^2}A_{eff}=\frac{4\pi}{\lambda^2}A\eta \tag{4.101}$$

4.3.6 開口面アンテナの遠方界の条件

アンテナの指向性は遠方界で定義されるので，指向性を測定する際はアンテナと観測点の距離を十分大きくとる必要があるが，どの程度の距離をとればよいのだろうか．

図 4.42 に示す直径を D とする円形開口を考える．円形開口上の波源の位置を (ρ', ϕ') とし，観測点の位置を (r, θ, ϕ) とする．このとき，波源と観測点の距離 r' は次式で与えられる．

$$\begin{aligned} r' &= \sqrt{r^2+\rho'^2-2r\rho' \sin\theta\cos(\phi-\phi')} \\ &\cong r-\rho'\sin\theta\cos(\phi-\phi')+\frac{\rho'^2}{2r}+\cdots \end{aligned} \tag{4.102}$$

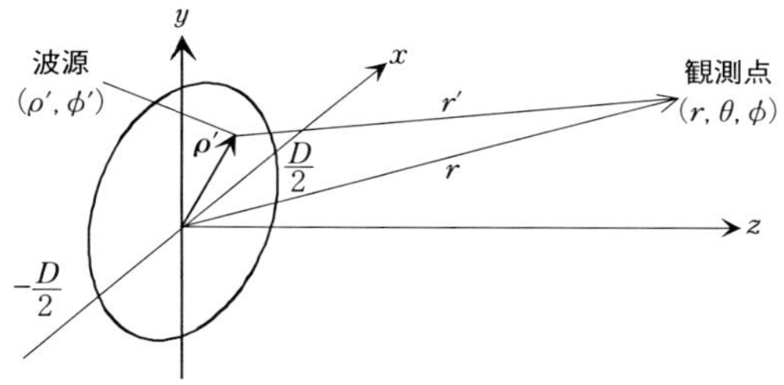

図 4.42　円形開口上の波源と観測点の距離

r' を ρ' の多項式で展開した場合，r を十分大きくとることで，ρ'^2 以上の項を無視することができる距離 r の範囲，つまり，

$$r' \cong r - \rho' \sin\theta \cos(\phi - \phi') \tag{4.103}$$

と近似できる領域を**遠方領域**または**フラウンホーファー領域**という．反対に，ρ'^2 以上の項を無視することができないアンテナに近い領域を**近傍領域**という．なお，近傍領域でも遠方領域に近い範囲であり，ρ'^2 の項を考慮に入れて，

$$r' \cong r - \rho' \sin\theta \cos(\phi - \phi') + \frac{\rho'^2}{2r} \tag{4.104}$$

と近似できる領域を**フレネル領域**という．

さて，遠方界の条件はどうすればよいか．開口中心から観測点までの距離と開口端から観測点までの距離の差が $\lambda/16$ 以内（位相差で $\pi/8$ 以内）が遠方界の条件として経験的に用いられている．つまり，遠方界の条件は

$$\frac{\rho'^2}{2r} = \frac{(D/2)^2}{2r} < \frac{\lambda}{16} \tag{4.105}$$

と書くことができ，これを整理すると，

$$r > \frac{2D^2}{\lambda} \tag{4.106}$$

で与えられる．なお，受信アンテナの直径 d を考慮に入れる場合は，D を $D+d$ に置き換えて，

$$r > \frac{2(D+d)^2}{\lambda} \tag{4.107}$$

とする．

4.4　平面アンテナ

線状アンテナや開口面アンテナなどは一般に立体的な形状であるのに対して，薄型で平面的な形状のアンテナを**平面アンテナ**という．平面アンテナはプリント基板（誘電体基板）を材料として用いることで，エッチングにより複雑な形状でも低コストで精度良く加工することができる．また，放射素子と給電線路を一体加工することができるためアレーアンテナの製作が容易である．プリント基板を用いたアンテナは**プリントアンテナ**とよばれることもある．図 4.43 にプリント基板を用いた平面アンテナの例を示す．ここでは，平面アンテナとしてよく用いられるスロットアンテナとマイクロストリップアンテナを説明する．

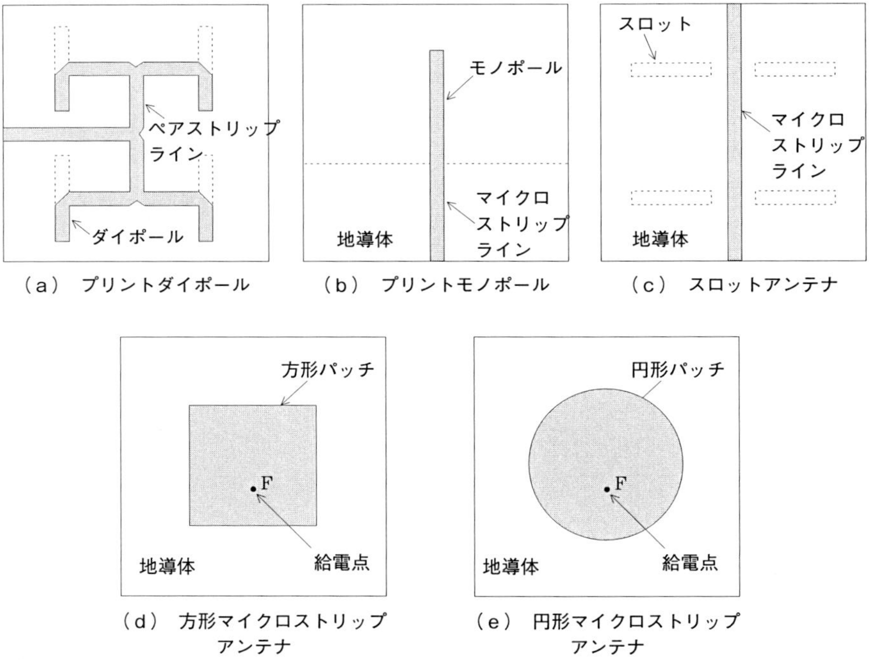

図 4.43　平面アンテナの例

4.4.1 スロットアンテナ

導体板に細い間隙を空けてアンテナとして動作させるものを**スロットアンテナ**という．図4.44に示すように，導体板に流れる電流を妨げる向きにスロットを配置し，スロットの長さを半波長とするとスロットは共振し，導体板に垂直な上下方向に強く放射する．スロット内部はスロットの幅方向に電界が生じることから，スロットの正面方向で観測される偏波は，スロットの幅方向の向きに電界，スロットの長さ方向に磁界を有する直線偏波となる．

スロットアンテナの放射界は，スロット内部を細長い開口と考えれば開口面アンテナの要領で求めることができる．スロットの長さ方向を x 軸，幅方向を y 軸にとり，スロットの大きさを $a\times b$ とする．スロットアンテナが半波長の長さで共振しているとき，幅方向に一様，長さ方向に余弦状の電界分布となる．つまり，スロット内部の電界分布は次式で与えられる．

$$\boldsymbol{E}_a(x,\ y)=\hat{\boldsymbol{y}}E_0\cos\left(\frac{\pi x}{a}\right)\qquad\left(-\frac{a}{2}\leq x\leq\frac{a}{2},\ -\frac{b}{2}\leq y\leq\frac{b}{2}\right)\quad(4.108)$$

このとき，等価面磁流 $\boldsymbol{m}_{le}$ は

$$\boldsymbol{m}_{le}=\boldsymbol{E}_a\times\hat{\boldsymbol{z}}=\hat{\boldsymbol{x}}E_0\cos\left(\frac{\pi x}{a}\right)\quad(4.109)$$

となるので，スロットアンテナの放射界は放射ベクトル $\boldsymbol{L}$ を用いて次のように求められる．

$$\boldsymbol{L}=\int_S\boldsymbol{m}_{le}\exp(jk\boldsymbol{r}'\cdot\hat{\boldsymbol{r}})\,ds$$

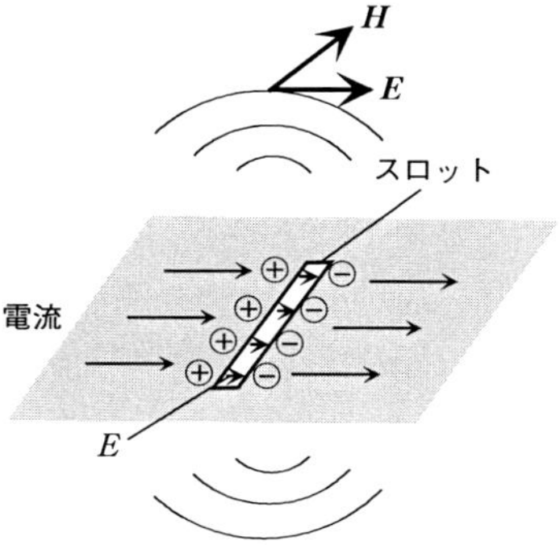

（a）スロットからの放射

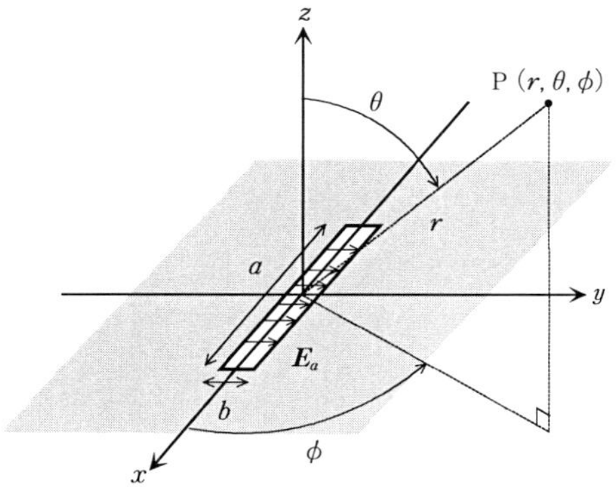

（b）座標系

図4.44 スロットアンテナ

$$=\int_{-\frac{a}{2}}^{\frac{a}{2}}\int_{-\frac{b}{2}}^{\frac{b}{2}}\hat{\boldsymbol{x}}E_0\cos\left(\frac{\pi x}{a}\right)\exp\{jk(x\sin\theta\cos\phi+y\sin\theta\sin\phi)\}\,dxdy \tag{4.110}$$

$$\boldsymbol{E}=-\frac{jk}{4\pi}\frac{\exp(-jkr)}{r}(L_\phi\hat{\boldsymbol{\theta}}-L_\theta\hat{\boldsymbol{\phi}})$$

$$=-\frac{jk}{4\pi}\frac{\exp(-jkr)}{r}(-\sin\phi\hat{\boldsymbol{\theta}}-\cos\theta\cos\phi\hat{\boldsymbol{\phi}})L_x \tag{4.111}$$

ここで，$u=k\sin\theta\cos\phi$，$v=k\sin\theta\sin\phi$ とおいて，放射ベクトル $\boldsymbol{L}$ を計算すると次のようになる．

$$L_x=E_0b\frac{2(\pi/a)}{(\pi/a)^2-u^2}\cos(ua/2)\frac{\sin(vb/2)}{vb/2} \tag{4.112}$$

したがって，$a=\lambda/2$ とし，さらに $\phi=0$ を代入して，xz 面（H 面）の放射界を求めると次式のように 8 の字の指向性となる（図 4.45）．

$$E_\phi=\frac{jE_0b}{2\pi}\frac{\exp(-jkr)}{r}\frac{\cos\{(\pi/2)\sin\theta\}}{\cos\theta} \tag{4.113}$$

$\phi=\pi/2$ を代入して，yz 面（E 面）の放射界を求めると次式のようになる．

$$E_\theta=\frac{jE_0b}{2\pi}\frac{\exp(-jkr)}{r}\frac{\sin\{(kb/2)\cdot\sin\theta\}}{(kb/2)\cdot\sin\theta} \tag{4.114}$$

スロットの幅が波長と比べて十分狭い場合（$kb\ll1$），$\dfrac{\sin\{(kb/2)\cdot\sin\theta\}}{(kb/2)\cdot\sin\theta}\approx1$ と近似されるので，E 面指向性はほぼ無指向性である．このように，スロットアンテナの指向性と第 3 章で説明した半波長ダイポールの指向性は同じであることがわかる．ただし，スロットアンテナと半波長ダイポールでは E 面と H

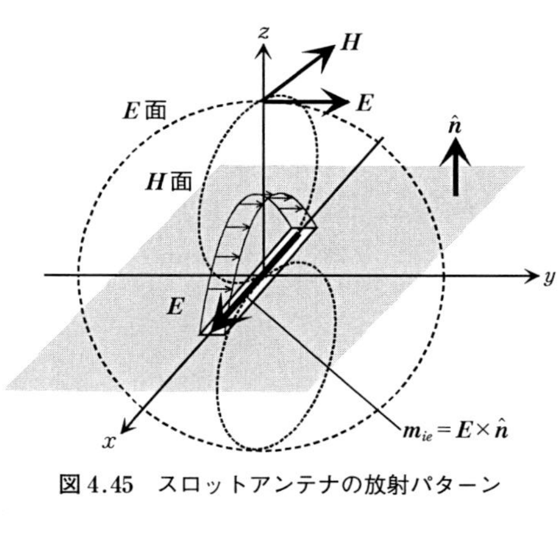

図 4.45　スロットアンテナの放射パターン

面が入れ替わっていることと，第3章とはθのとり方が異なることに注意が必要である．したがって，利得も約2 dBi である．

スロットアンテナは半波長の磁流アンテナと等価であり，スロットアンテナは磁流と電流，導体が存在する面と導体が存在しない面を入れえてできる半波長ダイポールと補対関係にある（図4.46）．互いに補対関係にある2つのアンテナの入力インピーダンスには次の関係式が成り立つ．

$$Z_{dipole}Z_{slot}=\frac{Z^2}{4} \tag{4.115}$$

この式は**ブッカーの関係式**という．半波長ダイポールの放射抵抗73 Ω をこの式に代入すると，スロットアンテナの放射抵抗は486 Ω であることがわかる．

マイクロストリップラインで給電されるスロットアンテナの他，方形導波管を給電線路に用いるスロットアンテナもしばしば用いられる．方形導波管の基本モードであるTE_{10}モードの電流分布を妨げるようにスロットを置くと，導波管の内部から外部へと放射される．スロットを置き方は様々考えられるが，導波管に複数のスロットを配列してアレーアンテナとする場合，導波管の管内波長λ_gは自由空間波長λより長いため，λ_g間隔でスロットを配列するとグレーティングローブが発生する．そこで，図4.47に示すようなスロットアレーは自由空間波長λより短い$\lambda_g/2$間隔でスロットを同位相で励振することができる．広壁面のスロットアレーは垂直偏波，狭壁面のスロットアレーは水平偏波を放射する（図4.48）．導波管は伝送損失が極めて小さく，大電力を伝送す

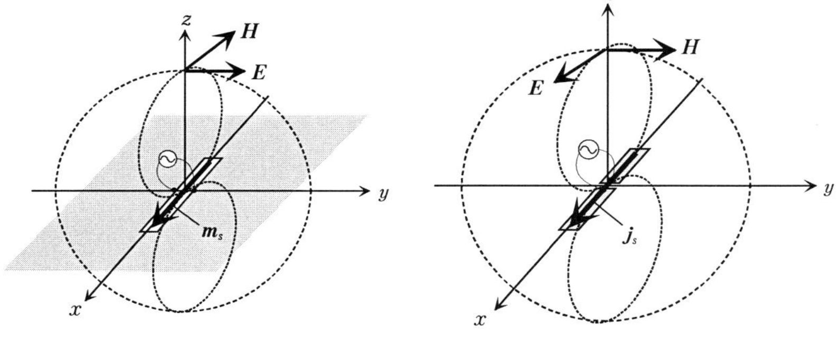

（a）スロットアンテナ（磁流アンテナ）　（b）ダイポールアンテナ（電流アンテナ）

図4.46　補対アンテナ

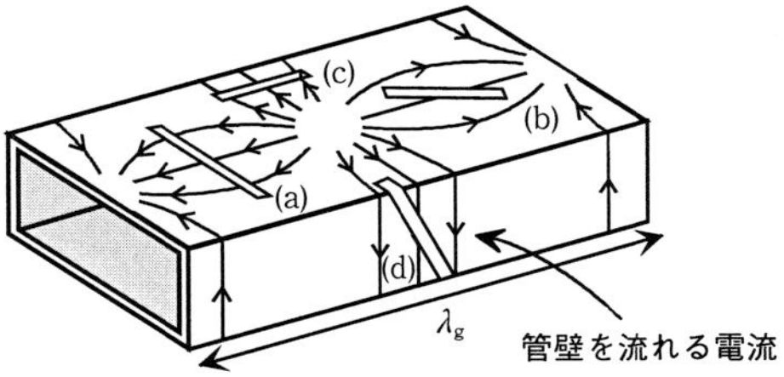

図 4.47 導波管スロットアンテナの配置方法
(a)～(c) は広壁面のスロット，(d) は狭壁面スロット．

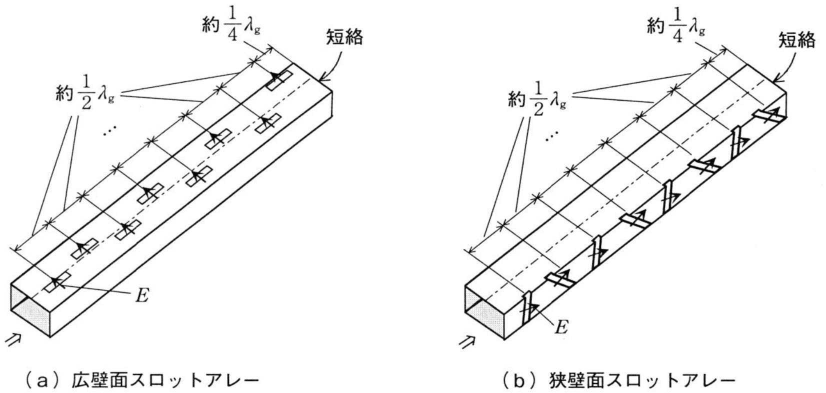

図 4.48 代表的な導波管スロットアレー

ることができること，また，スロットを多数配列すれば鋭いビームを得られるため，導波管を用いたスロットアレーはレーダー用アンテナとしてよく利用される．

4.4.2 マイクロストリップアンテナ（パッチアンテナ）

マイクロストリップアンテナ（microstrip antenna：以降，MSA）は 1970 年代より研究開発が始められた平面アンテナであり，小形，薄型，軽量であることを特長とするアンテナである．MSA は背面を地導体とする誘電体基板上に方形，または円形の導体パターン（これをパッチという）を形成することで構成される．導体パターンはエッチング技術により加工できるため大量生産が容易である．

図 4.49 に方形 MSA の構造図を示す．誘電体基板の比誘電率を ε_r，厚さを

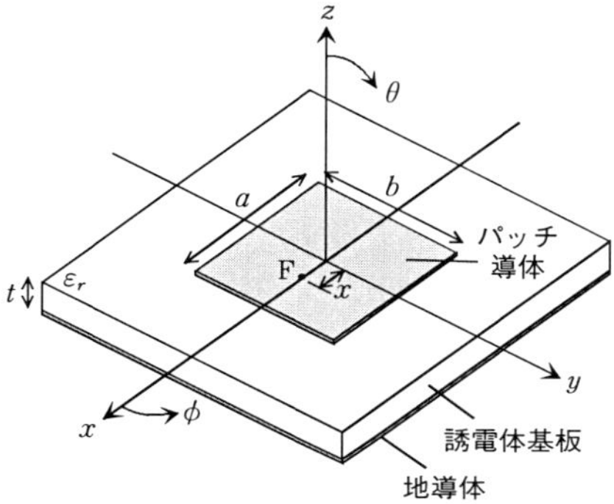

図 4.49 方形マイクロストリップアンテナ（MSA）

t，パッチの大きさを $a\times b$ とする．パッチ上の給電点 F において，地導体から差し込まれた同軸ケーブルの中心導体とパッチが接続される．パッチと地導体の間の誘電体基板内を伝搬する波長を λ_g とするとき，パッチの素子辺長 a をおよそ $\lambda_g/2$ とすると，パッチは共振し，$+z$ 軸方向に強く放射される．この共振を**基本モード**という（基本モードに対して，a が約 $\lambda_g/2$ の整数倍で共振するものを**高次モード**という）．地導体側（$-z$ 軸方向）へは放射されないので，単向性のパターンとなる．給電点 F を x 軸上とすると，パッチに流れる電流 I は x 軸方向となるため，z 軸方向では電界 $\boldsymbol{E}$ を x 成分とする直線偏波が放射される．なお，b は a と同程度とすることが多い．また，パッチの中心から給電点 F までの距離 x（**オフセット**ともいう）については，同軸ケーブルの特性インピーダンスを 50 Ω とする場合，給電線路との整合を得るには給電点 F の位置を素子中心から約 30% 程度オフセットさせるのが目安と言われている（$x/(a/2)\fallingdotseq 0.3$）．

方形 MSA の基本モードの共振周波数 f_r は次式で与えられる．

$$f_r=\frac{v_0}{2a_e\sqrt{\varepsilon_r}} \tag{4.117}$$

ただし，v_0 は真空中の光速，a_e および ε_e は**フリンジング効果**を考慮に入れた**等価素子辺長**および誘電体基板の**実効比誘電率**であり，次式で与えられる．

$$a_e=a\left\{1+0.824\frac{t}{a}\cdot\frac{(\varepsilon_e+0.3)(a/t+0.264)}{(\varepsilon_e-0.258)(a/t+0.813)}\right\} \tag{4.118}$$

$$\varepsilon_e = \frac{\varepsilon_r + 1}{2} + \frac{\varepsilon_r - 1}{2}\left(1 + 12\frac{t}{a}\right)^{-\frac{1}{2}} \tag{4.119}$$

MSA の誘電体基板の厚さ t は波長と比較して十分小さいものが使用されるため，パッチと地導体の間に生じる電磁界のほとんどの成分は誘電体基板内に閉じ込められているが，電界の一部はパッチから外側へ広がっている．これを**フリンジング電界**という（図 4.50）．MSA は端部に生じるフリンジング電界によって内部電磁界が外部空間へ放射されると考えることができる．そこで，フリンジング電界を等価な磁流源に置き換え，この磁流から放射される放射界を求める．

図 4.51 は基本モードが励振された MSA のフリンジング電界と等価磁流の分布を示している．MSA 端部のフリンジング電界に対応して，$\boldsymbol{m}_{le1}$～$\boldsymbol{m}_{le6}$ の等価磁流に置き換えられている．しかし，$\boldsymbol{m}_{le3}$ と $\boldsymbol{m}_{le4}$ および $\boldsymbol{m}_{le5}$ と $\boldsymbol{m}_{le6}$ は

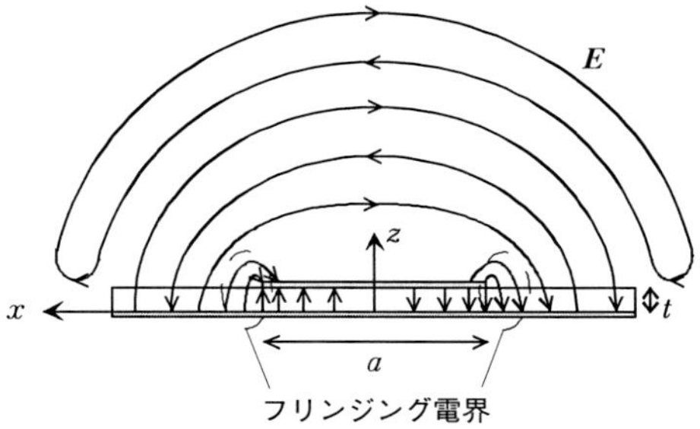

図 4.50　MSA からの放射（模式図）

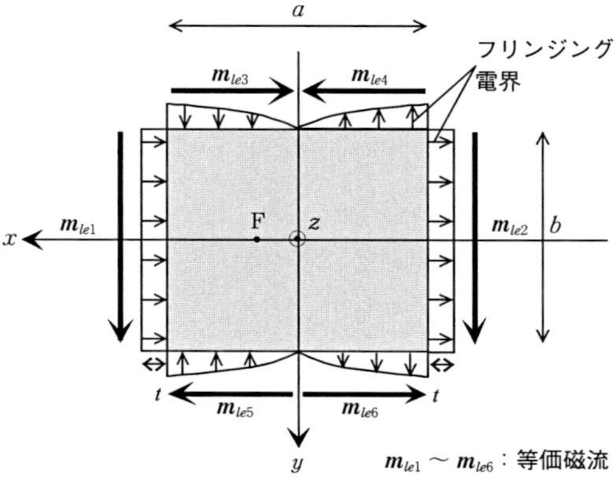

図 4.51　フリンジング電界と等価磁流

$\sin((\pi/a)x)$ の分布であり，これら磁流による放射はお互いに打ち消しあうので，$\boldsymbol{m}_{le1}$ と $\boldsymbol{m}_{le2}$ からなる 2 素子のアレーアンテナと考えればよい．磁流からの放射はスロットアンテナからの放射と等価であるので，このような考え方は等価スロットモデルとよばれる（ただし，通常のスロットアンテナの磁流分布は $\cos((\pi/a)x)$ の形であるが，$\boldsymbol{m}_{le1}$ と $\boldsymbol{m}_{le2}$ は一様な磁流分布であることに注意）．

y 軸方向を向いた幅を t（ただし，$kt \ll 1$），長さを b とする一様な磁流分布 $\boldsymbol{m}_{le}$ のスロットアンテナの放射界は地導体による磁流のイメージ成分も考慮して，次式で与えられる．

$$\boldsymbol{m}_{le}=2\boldsymbol{E}\times\hat{\boldsymbol{n}}=2\hat{\boldsymbol{z}}E_0\times\hat{\boldsymbol{x}}=\hat{\boldsymbol{y}}2E_0 \qquad \left(-\frac{t}{2}\leq x\leq\frac{t}{2},\ -\frac{b}{2}\leq y\leq\frac{b}{2}\right) \tag{4.120}$$

$$\boldsymbol{E}=-\frac{jV_0}{\pi}\frac{\exp(-jkr)}{r}\frac{\sin\{(kb/2)\cdot\sin\theta\sin\phi\}}{\sin\theta\sin\phi}(\cos\phi\hat{\boldsymbol{\theta}}-\cos\theta\sin\phi\hat{\boldsymbol{\phi}}) \tag{4.121}$$

ただし，$V_0=E_0t$ であり，E_0 はパッチ端部での電界の大きさである．

次に，距離 a だけ隔てて配置された 2 つの点波源のアレーファクタを求める．磁流 $\boldsymbol{m}_{le1}$, $\boldsymbol{m}_{le2}$ の中心の位置を $\boldsymbol{r}'=\pm\hat{\boldsymbol{x}}\dfrac{a}{2}$ とすると，

$$\begin{aligned}\boldsymbol{r}'\cdot\hat{\boldsymbol{r}}&=(\hat{\boldsymbol{x}}\sin\theta\cos\phi+\hat{\boldsymbol{y}}\sin\theta\sin\phi+\hat{\boldsymbol{z}}\cos\theta)\cdot\left(\pm\hat{\boldsymbol{x}}\frac{a}{2}\right)\\&=\pm\frac{a}{2}\sin\theta\cos\phi\end{aligned} \tag{4.122}$$

であるから，アレーファクタは次式で与えられる．

$$\begin{aligned}A(\theta,\phi)&=\exp(jk\boldsymbol{r}'\cdot\hat{\boldsymbol{r}})+\exp(-jk\boldsymbol{r}'\cdot\hat{\boldsymbol{r}})\\&=2\cos\left(\frac{ka}{2}\sin\theta\cos\phi\right)\end{aligned} \tag{4.123}$$

しがたって，等価スロットモデルによる方形 MSA の放射界は次のようになる．

$$\begin{aligned}\boldsymbol{E}=&-\frac{j2V_0}{\pi}\frac{\exp(-jkr)}{r}\frac{\sin\{(kb/2)\sin\theta\sin\phi\}}{\sin\theta\sin\phi}\\&\times\cos\left(\frac{ka}{2}\sin\theta\cos\phi\right)(\cos\phi\hat{\boldsymbol{\theta}}-\cos\theta\sin\phi\hat{\boldsymbol{\phi}})\end{aligned} \tag{4.124}$$

E 面（$\phi=0$ 面）および H 面（$\phi=\pi/2$ 面）の放射パターンは，角度に依存する項のみを取り出して表示すると次式で与えられる（図 4.52）．

$$E_\theta=\cos\left(\frac{ka}{2}\sin\theta\right) \qquad (E\text{ 面}) \qquad (4.125)$$

$$E_\phi=\frac{\sin\{(kb/2)\cdot\sin\theta\}\cos\theta}{\sin\theta} \qquad (H\text{ 面}) \qquad (4.126)$$

方形 MSA の指向性利得 G_d は，放射界を半径 r の半球面上で積分することにより得られる．

$$G_d=\frac{4\pi|E_\theta(0,0)|^2}{\int_0^{2\pi}\int_0^{\frac{\pi}{2}}(|E_\theta(\theta,\phi)|^2+|E_\phi(\theta,\phi)|^2)\sin\theta\,d\theta\,d\phi} \qquad (4.127)$$

分母の積分は数値積分を用いる必要がある．誘電体基板の比誘電率 ε_r が大きくなると，パッチの大きさは小さくなるので，指向性利得 G_d は低下する．$\varepsilon_r=1$ の場合は $G_d=9.8$ dBi であるのに対して，$\varepsilon_r=2.6$ の場合は $G_d=7$ dBi 程度，$\varepsilon_r=10$ の場合は $G_d=5$ dBi 程度となる．

方形 MSA の入力インピーダンス Z_{in} は，近似的に次式で与えられる．

$$Z_{in}\cong Z_{edge}\sin^2\left(\frac{\pi}{a}x\right) \qquad (4.128)$$

Z_{edge} はパッチ端部におけるインピーダンスであり，この値は誘電体基板の比誘電率 ε_r や厚さ t によって変わってくるが，$Z_{edge}=200\sim300\ \Omega$ 程度である．入力インピーダンス Z_{in} は給電点の位置 F によって調整することができる．

MSA の設計では，誘電体基板の選択は重要な要素である．利得や帯域の観点から比誘電率 ε_r は小さいほど特性がよい．一般には $\varepsilon_r=2\sim3$ 程度のものがよく用いられる．誘電体の誘電正接 $\tan\delta$ については，10^{-2} 程度のオーダーのものを用いると放射効率の低下が顕著となる．10^{-3} 程度以下の材料が望ましい．また，誘電体基板の厚さ t については $0.01\lambda_0$ 程度以下の薄いものを使用すると導体損が増大し，放射効率の低下が著しい．基板の厚さ t が大きいほど帯域は広くなる傾向にあるが，あまり厚いもの用いると表面波の影響を受け

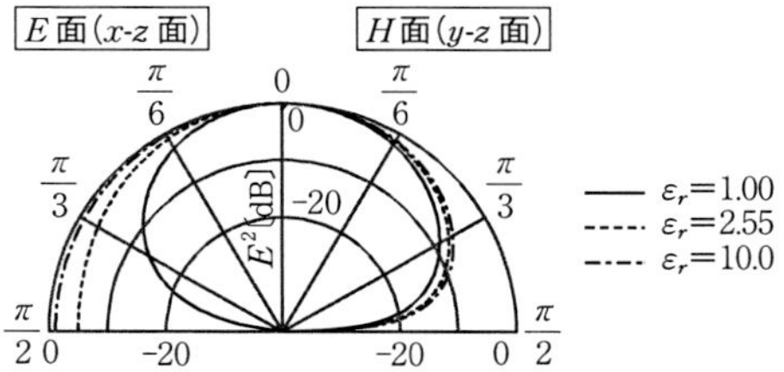

図 4.52　MSA の放射パターンの例

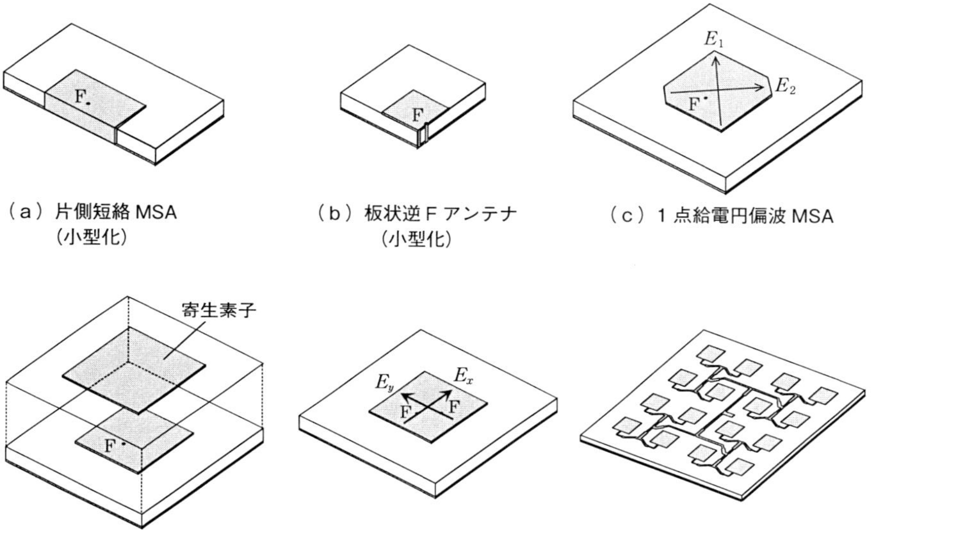

（a）片側短絡 MSA（小型化）　（b）板状逆 F アンテナ（小型化）　（c）1 点給電円偏波 MSA

（d）寄生素子装荷 MSA（広帯域化）　（e）偏波共用 MSA（垂直偏波・水平偏波）　（f）MSA アレー（高利得化）

図 4.53　MSA の応用例

る．$\varepsilon_r=2.6$，$t=0.02\lambda_0$ の誘電体基板を用いた場合の帯域は，比帯域で約 2% である．MSA は他のアンテナと比較して狭帯域であることが欠点である．

最後に，MSA の設計上の応用例を以下の図 4.53 に示す．

◇参 考 文 献◇

[1] 徳丸　仁（1992）：基礎電磁波，森北出版．
[2] 稲垣直樹（1980）：電気・電子学生のための電磁波工学，丸善．
[3] 松田豊稔，宮田克正，南部幸久（2008）：電波工学，コロナ社．
[4] 安達三郎（1983）：電磁波工学，コロナ社．
[5] 本郷廣平（1983）：電波工学の基礎，実教出版．
[6] 細野敏夫（1973）：電磁波工学の基礎，昭晃堂．
[7] 羽石　操，平澤一紘，鈴木康夫（1996）：小形・平面アンテナ，電子情報通信学会．
[8] 前田憲一（1959）：電波工学，共立出版．
[9] W. L. Stutzman and G. A. Thiele（1981）：*Antenna Theory and Design*, John Wiley & Sons.
[10] L. C. Godara ed.（2002）：*Handbook of Antennas in Wireless Communications*, CRC Press.

◇演習問題◇

4.1 1波長ループアンテナ（電流分布 $\boldsymbol{j}_s=\hat{\boldsymbol{\phi}} I_0 \cos \phi'$）の放射界は次式で与えられることを導出せよ.

$$E_\theta \cong -j30\pi I_0 \frac{\exp(-jkR)}{R}\{J_0(\sin\theta)+J_2(\sin\theta)\}\cos\theta\sin\phi \quad (4.129)$$

$$E_\phi \cong -j30\pi I_0 \frac{\exp(-jkR)}{R}\{J_0(\sin\theta)-J_2(\sin\theta)\}\cos\phi \quad (4.130)$$

4.2 次の場合のアレーファクタを $-\pi/2<\theta<\pi/2$ の範囲でグラフに図示せよ.

(1) 素子間隔 $d=0.5\lambda$, 素子数 $N=1, 2, 3, 5, 10$ の場合.

(2) 素子数 $N=10$, 素子間隔 $d=0.5\lambda, 1.0\lambda, 1.5\lambda$ の場合.

(3) 素子間隔 $d=0.5\lambda$, 素子数 $N=10$, 主ビーム方向 $\theta_0=\pi/6, \pi/3, \pi/2$ の場合.

4.3 次の図4.54の2素子半波長ダイポールアンテナの入力インピーダンス Z_{in} を求めよ.

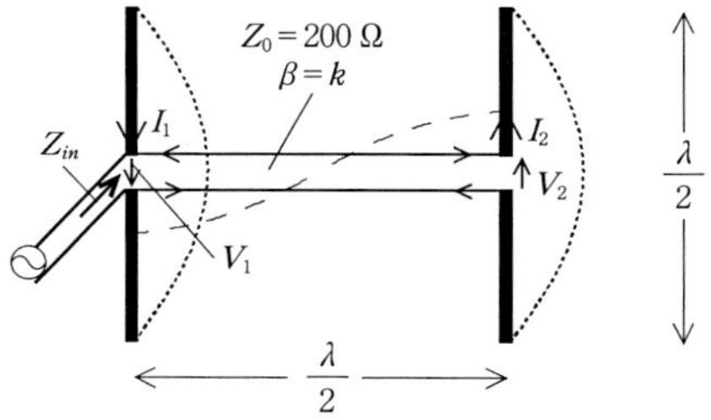

図4.54 2素子半波長ダイポールアンテナ（逆相給電）

4.4 半波長ダイポールを放射器とする $a=\pi/2$, $d=0.5\lambda$ のコーナーリフレクタアンテナについて, 次の問いに答えよ. ただし, 反射板は十分に大きいとする.

(1) 水平面指向性を与える式 $D(\theta)$ を求め, その概形を $-\pi/4<\theta<\pi/4$ の範囲で図示せよ. ただし, 最大放射方向を $\theta=0$ とする.

(2) 入力インピーダンス Z_{in} を求めよ.

(3) 最大放射方向の相対利得 G を dBd の単位で求めよ.

4.5 xy 平面上に幅を a, 高さを b とする方形開口があり, $z>0$ の空間に放射されている. 開口上の電界分布 $\boldsymbol{E}_a(x, y)$ が次式で与えられるとき, 以下の設問に答えよ. ただし, E_0 は定数であり, 開口上の位相分布は一様とする.

$$\boldsymbol{E}_a(x, y)=\begin{cases}\hat{\boldsymbol{y}}E_0\cos\left(\dfrac{\pi x}{a}\right) & -\dfrac{a}{2}\le x\le\dfrac{a}{2},\ -\dfrac{b}{2}\le y\le\dfrac{b}{2} \\ 0 & \text{上記以外}\end{cases} \quad (4.131)$$

(1) E 面および H 面の遠方界指向性を与える式を求め, その概形を $-\pi/2<\theta<\pi/2$

の範囲で図示せよ．

(2)　この開口の開口効率 η を％で求めよ．

(3)　$a=3\lambda$，$b=2\lambda$ のとき，開口正面方向の指向性利得 G_a を dBi 単位で求めよ．

5 電磁界解析手法

本章では計算機を利用した代表的な電磁界の解析手法について解説する．電磁界の境界値問題はマクスウェルの方程式を積分方程式，または，微分方程式として定式化し，数値計算に適した行列計算の問題に変換して解く．積分方程式を基に定式化するモーメント法，また，偏微分方程式を汎関数として書き換えて解く有限要素法と，空間を差分化し時間領域で解く FDTD 法について説明する．

5.1 モーメント法

自由空間中に完全導体が存在するとき，電磁界が満足すべき境界条件は完全導体の表面上 S_s で電界の接線成分が 0 となることである．この境界条件によって求められる電流分布を求める手法の 1 つが**モーメント法**とよばれるものである．

図 5.1(a)のように導体の外部から印加される電界を $\boldsymbol{E}^i$ とすると，導体表面上には電界の接線成分が 0 となる境界条件を満足するように面電流 $\boldsymbol{j}_S$ [A/m] が生じる．この電流によって生じる電界を $\boldsymbol{E}$ とすれば，導体表面上での接線ベクトルを $\hat{\boldsymbol{t}}$ として次の境界条件が S_s 面上で成り立つ．

$$(\boldsymbol{E}^i+\boldsymbol{E})\cdot\hat{\boldsymbol{t}}=0 \tag{5.1}$$

導体表面上 S_s に流れる面電流 $\boldsymbol{j}_S$ から生じる観測点での電界は，面電流の寄与を足し合わせることで与えられ，積分演算子 L を用いて $\boldsymbol{E}=-L(\boldsymbol{j}_S)$ と表せ

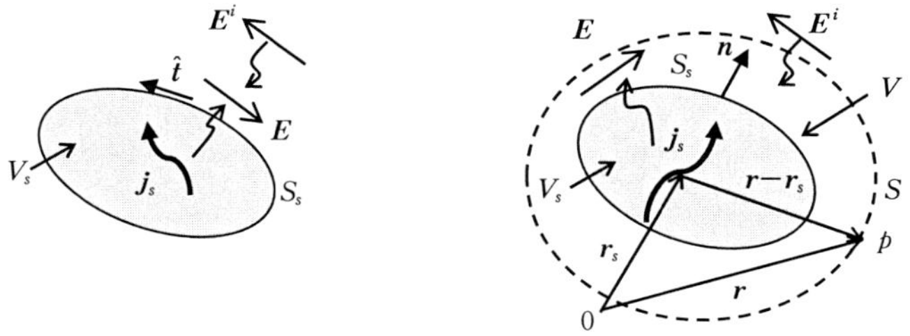

(a) 入射波と電流による電界　　(b) 座標系

図 5.1 導体上での境界条件

る．

図5.1(b)に示すように，V_s の表面 S_s に流れる面電流 $\boldsymbol{j}_S$ の波源ベクトルを $\boldsymbol{r}_S$，電界を求める面 S 上の観測点 p の観測点ベクトルを $\boldsymbol{r}$，また，面 S で囲まれた領域を V と表す．$L(\boldsymbol{j}_S)$ の計算では波源ベクトル $\boldsymbol{r}_S$ に関して行う積分は V_s の表面であるため面積積分となり，$L(\boldsymbol{j}_S)$ は $\boldsymbol{r}$ の関数として求められる．

$$L(\boldsymbol{j}_S)=j\omega\mu_o\int_S\left\{\boldsymbol{j}_S(\boldsymbol{r}_S)+\frac{1}{k_0^2}\nabla\nabla\cdot\boldsymbol{j}_S(\boldsymbol{r}_S)\right\}\frac{\exp(-k_0|\boldsymbol{r}-\boldsymbol{r}_S|)}{4\pi|\boldsymbol{r}-\boldsymbol{r}_S|}dS \quad (5.2)$$

ここで，電界の導体表面 S_s 上での接線成分を $\boldsymbol{E}\cdot\hat{\boldsymbol{t}}=-L_t(\boldsymbol{j}_S)$，$\boldsymbol{E}^i\cdot\hat{\boldsymbol{t}}$ と表せば，式(5.1)は次のようになる．なお，境界条件を適用するため，観測点 p は導体表面 S_s 上にあるものとする．

$$L_t(\boldsymbol{j}_S)=\boldsymbol{E}^i\cdot\hat{\boldsymbol{t}} \quad (5.3)$$

導体表面上に流れる電流 $\boldsymbol{j}_S$ を未知数として解くことで，導体表面にどのような電流が流れるかが分かり，それによって生成される電磁界が求められる．

この問題を解くために，$\boldsymbol{j}_S$ を既知関数 $\boldsymbol{f}_j$ [1/m] の和として近似し，このとき展開係数を I_j [A] として解くべき未知数とする．

$$\boldsymbol{j}_S=\sum_{j=1}^{N}I_j\boldsymbol{f}_j \quad (5.4)$$

式(5.4)を式(5.3)に代入すると I_j を未知係数とした $\boldsymbol{f}_j$ に対する方程式が得られる．

$$\sum_{j=1}^{N}I_jL_t(\boldsymbol{f}_j)=\boldsymbol{E}^i\cdot\hat{\boldsymbol{t}} \quad (5.5)$$

式(5.5)は N 個の未知数を含み観測点ベクトル $\boldsymbol{r}$ の関数となっているので，連立方程式に変換して解くために，導体表面上 S_s で定義された重み関数 $\boldsymbol{w}_i$ [1/m]，$(i=1,\cdots,N)$ と内積をとったものを導体表面 S 上で積分をすることで I_j に対する連立方程式が得られる．

$$\int_{V_S}\boldsymbol{w}_i\cdot\sum_{j=1}^{N}I_jL_t(\boldsymbol{j}_{sj})dS=\int_S\boldsymbol{w}_j\cdot\boldsymbol{E}^i\cdot\hat{\boldsymbol{t}}dS \qquad i=1,\cdots,N \quad (5.6)$$

重み関数 $\boldsymbol{w}_i$ に電流の展開関数と同じ $\boldsymbol{f}_i$ を用いる手法を**ガラーキン法**とよび，式(5.6)に適用すると次のような行列方程式が得られる．

$$[Z_{ij}][I_j]=[V_i] \quad (5.7)$$

ここで，$[Z_{ij}]$ はインピーダンス行列，$[V_j]$ は電圧ベクトルとよばれ，以下のように定義される．

$$Z_{ij}=\int_S\int_S\boldsymbol{f}_i\cdot L_t(\boldsymbol{j}_S)dS\,dS \quad (5.8)$$

$$V_i = \int_S \boldsymbol{f}_i \cdot \boldsymbol{E}^i \cdot \hat{\boldsymbol{t}} dS \tag{5.9}$$

式(5.7)を解く例として，長さ L，半径 a の図 5.2 に示す柱状導体アンテナを考えてみる．電流を展開する関数として，長さ方向を N 個 $(2l = L/N)$ の区間に分割し，図に示すように各区間で振幅が一定となる単位区間関数を考え，その振幅値を未知数とした定式化を行う．

$$f_k(z) = \begin{cases} \dfrac{1}{2\pi a^2}, & z_k - l \leq z \leq z_k + l, \\ 0, & \text{上記以外} \end{cases} \tag{5.10}$$

長さ L が半径 a に対して十分に大きいと仮定すれば，電流は z 方向成分のみを持ち，z 軸上 $\rho=0$ に線波源として存在し，観測点は円筒表面の $\rho=a$ にあるものとすれば，式(5.11)で定義する関数 $F(u)$ を用いて Z_{ij} が求められる．電流は導体表面に存在するが，導体が十分に細いものとして，線波源の近似を行うことで波源ベクトルと観測点ベクトルが一致する場所が存在せず，Z_{ij} の計算において特異点を回避できる利点がある．また，式(5.8)，(5.9)では面積積分を行うが，ϕ 方向には一様として $2\pi a$ を乗じればよく，Z_{ij} の計算は z に関しての積分となる．

$$F(u) = \frac{\exp(-jk_0\sqrt{u^2+a^2})}{k_0\sqrt{u^2+a^2}} \tag{5.11}$$

$$Z_{ij} = \frac{j\omega\mu_0}{4\pi}(2\pi a)^2 \int_{z_i-l}^{z_i+l}\int_{z_j-l}^{z_j+l} f_i(z')\left(1+\frac{1}{k_0^2}\frac{\partial^2}{\partial z'^2}\right)k_0 F(z'-z)\, f_j(z)\, a^2 dz\, dz' \tag{5.12}$$

波源と観測点ベクトルが同一面内となるので，重み関数に対する観測点ベクトルを z' で表すと，$\partial/\partial z = -\partial/\partial z'$ の関係を利用し分割数も大きく取れば，$2l$

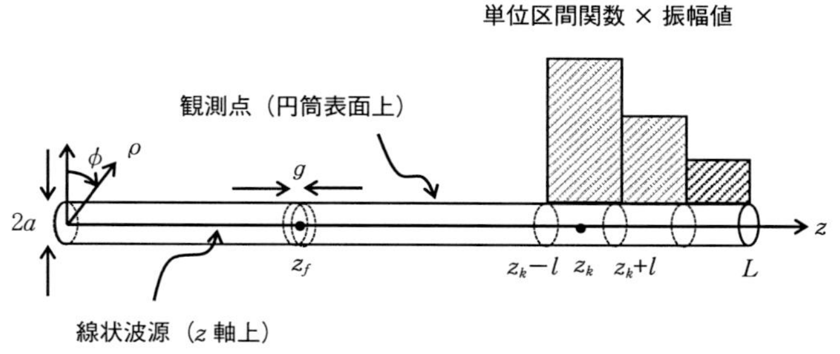

図 5.2　柱状導体

は十分に短いと見なすことができ，Z_{ij} は次のように近似的に計算できる．

$$Z_{ij}=jZ_0[\{(2lk_0)^2-2\}F(\Delta z_{ij})+F(\Delta z_{ij}+2l)-F(\Delta z_{ij}-2l)] \qquad (5.13)$$

ただし，$\Delta z_{ij}=z_i-z_j$，また，k_0 は真空中の波数，Z_0 は特性インピーダンスで，$\omega\mu_0=k_0Z_0$ の関係を用いている．また，$z=z_f$ に幅 g のギャップを設けて給電すると，式(5.8)，(5.9)より給電電圧ベクトルが定められる．

$$\boldsymbol{E}^i\cdot\hat{\boldsymbol{t}}=\begin{cases}\dfrac{1}{g}, & z_f-\dfrac{g}{2}\leq z\leq z_f+\dfrac{g}{2}\\ 0, & \text{上記以外}\end{cases} \qquad (5.14)$$

$$V_f=\begin{cases}1, & z_f-\dfrac{g}{2}\leq z\leq z_f+\dfrac{g}{2}\\ 0, & \text{上記以外}\end{cases} \qquad (5.15)$$

図 5.3(a)に上記の定式化にもとづいて計算したダイポールアンテナの入力インピーダンスの周波数特性を示す．長さを $L=150$ mm としているので，自由空間波長では 1 GHz の半波長となるが，導体の太さが $a=1$ mm と有限であることから，リアクタンス成分が $X=0$ となる周波数は 0.93 GHz 付近となり，その近傍周波数で放射抵抗は $R=73\,\Omega$ となることが分かる．この計算では，31 分割した導体円柱の中央でギャップ給電することを仮定し，各分割した領域での電流分布を単位区間関数としているので，厳密には導体端部で電流が 0 とはならないので，若干の誤差を有している．

0.93 GHz での分割数に対する入力インピーダンス $Z=R+jX$ の収束特性を図 5.3(b)に示す．分割数は N が 20 以上で実部 R は収束しているが，虚数部 X の収束には N は 60 分割以上必要である．この計算例では，定式化を簡単にするため，単位区間関数を用いているが，端部での処理や柱状導体の太さに

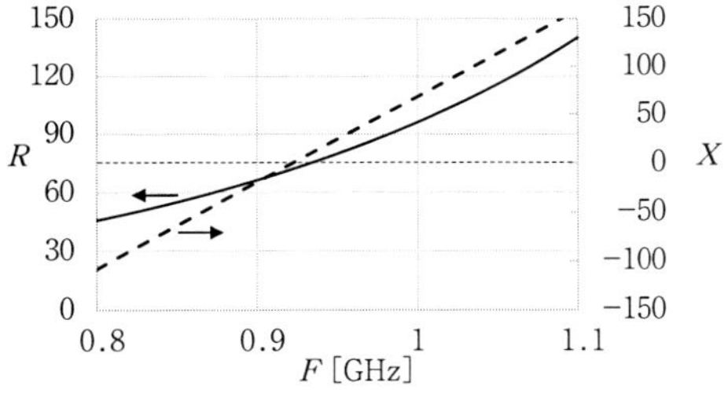

(a) 周波数特性（$N=31$）

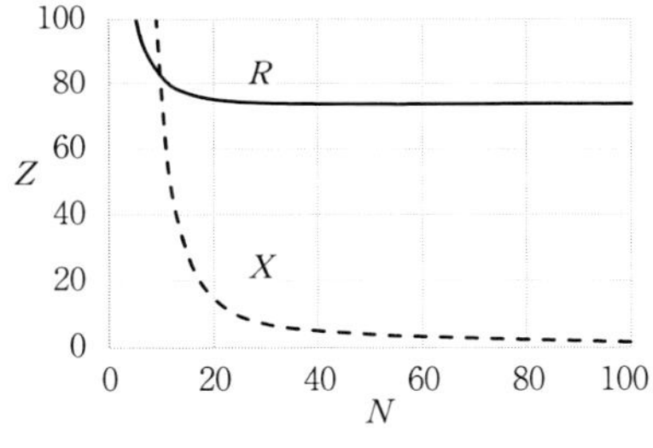

(b) 分割数に対する収束特性

図 5.3 ダイポールアンテナの入力インピーダンス
$L=150$ mm，$a=1$ mm，中央給電．

関しての近似が十分でないことが収束を遅くしている原因である．計算の精度や分割数に対する収束を早めるためには，展開関数として端部での条件を満足するような関数を用いるなどの手法がある．

5.2　有限要素法

有限要素法は解くべき方程式を汎関数で表し，解析領域を小さな多角形で分割して解く手法である．三角形を用いて分割することが多く，曲線を含む構造を容易にモデリングできる利点がある．ここでは，電磁界の境界値問題として波動方程式を**汎関数**に変換して定式化する手法について述べる．

任意のスカラ関数 ϕ からベクトル $\boldsymbol{A}=\phi\nabla\phi$ をつくり，その発散を取ると次式が得られる．

$$\nabla\cdot\boldsymbol{A}=\nabla\cdot\phi\nabla\phi=\nabla\phi\cdot\nabla\phi+\phi\nabla^2\phi \tag{5.16}$$

図 5.4 に示すような面 S で囲まれた領域 V において，ストークスの定理と $\phi\nabla\phi\cdot\boldsymbol{n}=\phi\partial\phi/\partial n$ の関係を用いると，式(5.16)は次のように書き改められる．

$$\int_v(\nabla\phi\cdot\nabla\phi+\phi\nabla^2\phi)\,dv=\int_S\phi\frac{\partial\phi}{\partial n}\,dS \tag{5.17}$$

ここで，ϕ は波動方程式 $\nabla^2\phi+k^2\phi=0$ の解として与えられるものとすると，式(5.17)は次のようになる．

$$\int_v(\nabla\phi\cdot\nabla\phi-\phi k^2\phi)\,dv-\int_S\phi\frac{\partial\phi}{\partial n}\,dS=0 \tag{5.18}$$

式(5.18)から次の汎関数を定義する．

$$F(\phi)=\frac{1}{2}\int_v(\nabla\phi\cdot\nabla\phi-\phi k^2\phi)\,dv-\int_S\phi\frac{\partial\phi}{\partial n}\,dS \tag{5.19}$$

面 S での境界条件として，**ディレクレ条件** $\phi=0$，または，**ノイマン条件** $\partial\phi/\partial n=0$ が成り立つとき，式(5.19)の第 2 項は 0 となる．これは**自然境界条**

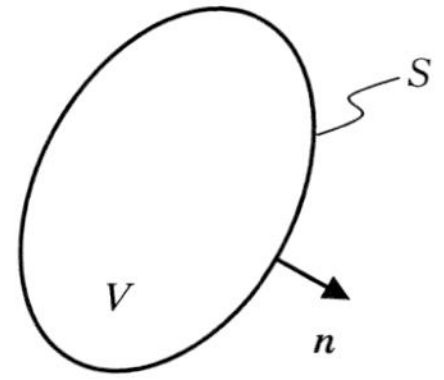

図 5.4　面 S で囲まれた領域 V

件とよばれ，この条件のもとで汎関数が ϕ に対して最小となる条件として変分（微分）をとると，波動方程式より $\partial F(\phi)/\partial\phi=0$ が得られる．式(5.19)の右辺第1項は領域 V 内での電気的および磁気的エネルギーを表しており，そのエネルギーを最小にする条件が $\partial F(\phi)/\partial\phi=0$ によって求められている．この条件を用いて，次に示す離散化した解析対象を行列計算によってポテンシャル ϕ を未知数として解くことが可能となる．

汎関数の物理的な意味について，図5.5に示す導波管内を伝搬するTEモードを例に考える．z 方向には伝搬定数で表されるので，xy 断面内での二次元問題として考えるとき，$\partial/\partial z=0$ を仮定すれば，電磁界分布は次のように表される．

$$\boldsymbol{E}=-\nabla\times\phi_h\hat{\boldsymbol{z}}=-\frac{\partial\phi_h}{\partial y}\hat{\boldsymbol{x}}+\frac{\partial\phi_h}{\partial x}\hat{\boldsymbol{y}} \tag{5.20}$$

$$\boldsymbol{H}=-j\omega\varepsilon_0\phi_h\hat{\boldsymbol{z}} \tag{5.21}$$

xy 断面内において蓄積される電気的および磁気的エネルギー密度の差を計算する．

$$\begin{aligned} w&=\frac{1}{2}\varepsilon\left(\frac{\partial\phi_h}{\partial y}\right)^2+\frac{1}{2}\varepsilon\left(\frac{\partial\phi_h}{\partial x}\right)^2-\frac{1}{2}\mu(\omega\varepsilon\phi_h)^2\\ &=\frac{1}{2}\varepsilon\left\{\left(\frac{\partial\phi_h}{\partial y}\right)^2+\left(\frac{\partial\phi_h}{\partial x}\right)^2-k^2\phi_h^2\right\} \end{aligned} \tag{5.22}$$

ここで中括弧内が0となるとき，電気的および磁気的なエネルギーが等しくなる共振条件，すなわち，導波管でのカットオフ条件を満足する．これは自然境界条件が成り立つときの式(5.19)で与えられる汎関数と同一であるので，この

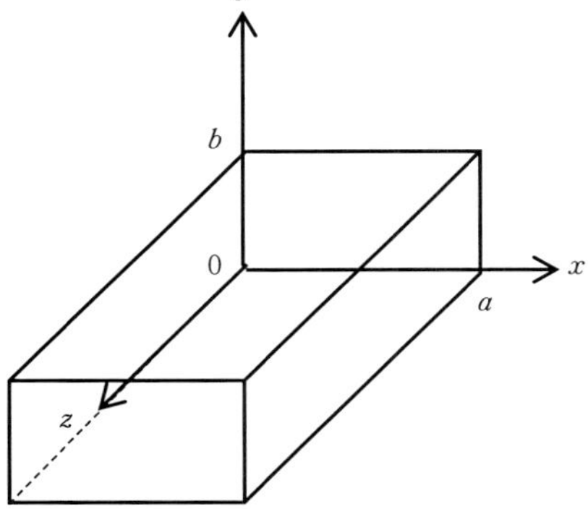

図5.5　方形導波管

式を最小化する条件が導波管のカットオフ条件を求めるものと一致する．

導波管のような二次元問題を例として有限要素法を用いて解析する具体的な手法について考える．図 5.6(a)に示すような台形の断面を解析対象とするとき，断面内を ΔS の三角形に分割する．この三角要素を用いることで，曲線も精度良く近似できる利点がある．各三角要素に式(5.19)で定義された汎関数を適用し，エネルギーが最小になる条件から要素内のポテンシャルを求める問題に帰着する．汎関数の計算において対象領域での面積積分が必要となるが，この積分を容易に行うため，図 5.6(b)に示す三角形要素 l 内の面積を ξ_1，ξ_2，ξ_3 と三分割して表す**面積座標**を導入する．三角形の各頂点でのポテンシャルとこの面積座標を用いて，要素内のポテンシャル ϕ を次のように表す．

$$\phi=\phi_1\xi_1+\phi_2\xi_2+\phi_3\xi_3 \tag{5.23}$$

面積座標と x，y 座標は以下のような関係式があり，

$$\begin{bmatrix}1\\x\\y\end{bmatrix}=\begin{bmatrix}1&1&1\\x_1&x_2&x_3\\y_1&y_2&y_3\end{bmatrix}\begin{bmatrix}\xi_1\\\xi_2\\\xi_3\end{bmatrix} \tag{5.24}$$

上式の逆行列から，ΔS_l を三角形要素 l の面積として，次式が得られる．

$$\begin{bmatrix}\xi_1\\\xi_2\\\xi_3\end{bmatrix}=\begin{bmatrix}1&1&1\\x_1&x_2&x_3\\y_1&y_2&y_3\end{bmatrix}^{-1}\begin{bmatrix}1\\x\\y\end{bmatrix}=\frac{1}{2\Delta S_l}\begin{bmatrix}a_1&b_1&c_1\\a_2&b_2&c_2\\a_3&b_3&c_3\end{bmatrix}\begin{bmatrix}1\\x\\y\end{bmatrix} \tag{5.25}$$

$$2\Delta S_l=(x_i-x_k)(y_j-y_k)-(x_j-x_k)(y_i-y_k) \tag{5.26}$$

面積座標を用いて汎関数を計算するとき，式(5.19)では自然境界条件が成り立つときに第 1 項のみが残り，xy 座標系で次のように表される．

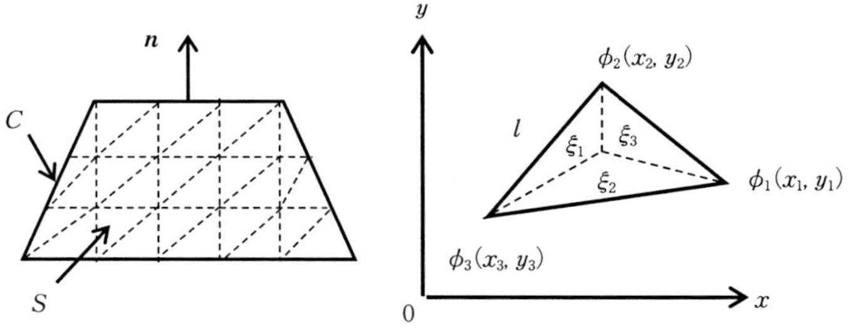

(a) 三角形要素と解析領域　　(b) 三角形要素と面積座標

図 5.6　有限要素法の解析モデル

$$F(\phi)=\frac{1}{2}\int_S\left(\left\{\left(\frac{\partial\phi}{\partial y}\right)^2+\left(\frac{\partial\phi}{\partial x}\right)^2-k^2\phi\right\}\right)dS \tag{5.27}$$

式(5.23)の面積座標によるポテンシャル関数を用いて上式を表し，解析対象となる面 S が N 個の三角形で分割されているとき，$\partial\xi_j/\partial x=b_j/(2\Delta S_l)$ と $\partial\xi_j/\partial y=c_j/(2\Delta S_l)$ の関係から汎関数は次式のように表される．

$$F(\phi)=\sum_{l=1}^{N}\frac{1}{2}\int_{S_l}\left\{\left(\frac{1}{2\Delta S_l}\sum_{j=1}^{3}\phi_j b_j\right)^2+\left(\frac{1}{2\Delta S_l}\sum_{j=1}^{3}\phi_j c_j\right)^2-k^2\left(\sum_{j=1}^{3}\phi_j\xi_j\right)^2\right\}dx\,dy \tag{5.28}$$

この汎関数を求めるために，各頂点でのポテンシャルに対してのエネルギー変化が最小になる条件として，$F(\phi)/\partial\phi_i=0$ を適用すると，各三角要素に対する方程式が得られる．

$$\int_{S_l}\left\{\frac{1}{(2\Delta S_l)^2}\sum_{j=1}^{3}\phi_j(b_ib_j+c_ic_j)-k^2\xi_i\sum_{j=1}^{3}\phi_j\xi_j\right\}dx\,dy=0 \tag{5.29}$$

上式において係数を以下のように定義する．

$$K_{ij}=\frac{1}{(2\Delta S_l)^2}\int_{S_l}(b_ib_j+c_ic_j)\,dx\,dy=\frac{1}{4\Delta S_l}(b_ib_j+c_ic_j) \tag{5.30}$$

$$L_{ij}=\begin{cases}\displaystyle\int_{S_l}\xi_i\xi_j\,dx\,dy=2\Delta S_l\frac{1}{6}, & i=j\\[2mm] \displaystyle 2\Delta S_l\frac{1}{12}, & i\neq j\end{cases} \tag{5.31}$$

なお，式(5.29)の第 2 項において面積要素の積分には次の公式を用いている．

$$\int_{S_l}\xi_i^m\xi_j^n\xi_k^p\,dx\,dy=2\Delta S_l\frac{m!n!p!}{(m+n+p+2)!} \tag{5.32}$$

以上より，各三角形要素 S_l での固有値方程式が求められる．

$$\frac{1}{4\Delta S_l}\begin{bmatrix}K_{11}&K_{12}&K_{13}\\K_{21}&K_{22}&K_{23}\\K_{31}&K_{32}&K_{33}\end{bmatrix}\begin{bmatrix}\phi_1\\\phi_2\\\phi_3\end{bmatrix}=k^2\frac{2\Delta S_l}{12}\begin{bmatrix}2&1&1\\1&2&1\\1&1&2\end{bmatrix}\begin{bmatrix}\phi_1\\\phi_2\\\phi_3\end{bmatrix} \tag{5.33}$$

この固有値方程式を三角要素で分割した解析対象領域に適用することで問題を解く．

ここで，計算例として，図 5.5 に示す長方形断面の導波管の固有値問題を考える．汎関数導出に用いた波動方程式を満足する ϕ は，導波管内を伝搬する TE および TM モードのいずれも表すことができる．導波管の管軸（z）方向の成分は，TM モードで $E_z=j\omega\mu_0\phi$，TE モードでは $H_z=-j\omega\varepsilon_0\phi$ となる．したがって，導波管壁面での境界条件はTMモードで$\phi=0$となるディイレクレ条件，TEモードで$\partial\phi/\partial n=0$のノイマン条件となる．いずれの条件も自然境界条件であるので，式(5.19)を用いて解くとき，2つのモードが同時に計算されることになる．しかし，数値計算においては，対象となる解析領域が小さくでき，物理的に意味を持たないスプリアスモードの出現を抑制できるので，ディレクレ条件を組み込む．

一例として，方形導波管の基本モードであるTE_{10}モードの固有値を求めてみる．解析対象とする導波管断面の左半分を，図5.7のように3(Mx)×2(My)×2＝12個の三角要素(l)で分割し，頂点の座標に1から12まで番号を振る．導波管を伝搬するTEモードを考えるとき，導波管の壁面である，1，2，3，4，6，7，9の頂点はノイマン条件を満足する．また，$x=a/2$のy軸上の頂点，10，11，12は対称面上にあり磁界の接線成分が0となるディレクレ条件なので，この3つの頂点でのポテンシャルを$\phi=0$の境界条件として入れる．式(5.29)の方程式は頂点の数12×12の行列となるが，$\phi_{10}=\phi_{11}=\phi_{12}=0$を代入して，9×9の行列に対して固有値問題を解けば良いことになる．

このような簡単なモデルにおける固有値は$k=3.57$の値が得られ，理論値である$k=\pi$に近い値が得られる．分割数に対する固有値の収束状況は図5.8に示すように，My＝1とした結果に，ドットのマーカで示すMy＝2の固有値はほぼ一致し，x方向の分割数に依存し，y方向にはほとんど依存しない．これは，TE_{10}モードの電磁界分布がy方向に一様なためである．実際の計算では，スプリアスモードなども多数出現するので，固有値と共に計算される固有ベクトルとして与えられるポテンシャルの分布を見て解を判断することが必要とされる．分割する三角要素数を増やすことや，式(5.23)では一次式で近似し

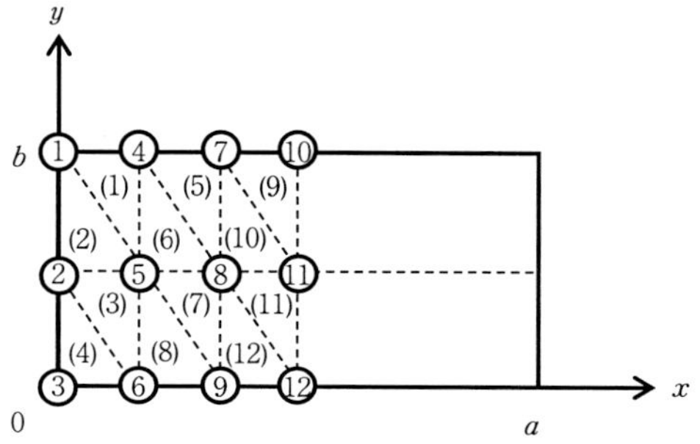

図5.7 導波管断面と三角要素

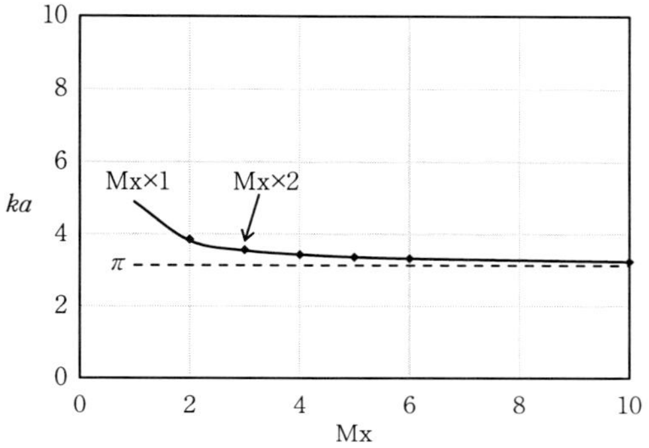

図 5.8 分割数と固有値

たポテンシャルの関数を二次式にすることによって精度の向上がはかれる.

5.3 FDTD 法

マクスウェルの方程式を微分系で表して時間と空間で差分化して解析する方法が **FDTD**（finite difference time domain）**法**である．解析空間の電界と磁界を交互に時間領域で計算する単純なアルゴリズムであるが，時間応答からフーリエ変換により周波数特性を求められ，空間を微小な立方体で分割していくため三次元の問題を容易に解析できる利点がある.

FDTD 法のアルゴリズムを理解するために無損失媒質中でのマクスウェル方程式を次のように表す.

$$\frac{\partial \boldsymbol{H}}{\partial t} = -\frac{1}{\mu}\nabla \times \boldsymbol{E} \tag{5.34}$$

$$\frac{\partial \boldsymbol{E}}{\partial t} = \frac{1}{\varepsilon}\nabla \times \boldsymbol{H} \tag{5.35}$$

ここで，xyz 座標系での二次元問題を考える．一例として間隔が波長に比べて十分に薄い平行平板導波路等を考えればよい．この場合 z 方向には一様な電界成分のみ（$\partial/\partial z=0$），また，磁界は x と y 成分が存在するので式(5.34)，(5.35)は次のようになる.

$$\frac{\partial H_x}{\partial t} = -\frac{1}{\mu}\frac{\partial E_z}{\partial y}, \qquad \frac{\partial H_y}{\partial t} = \frac{1}{\mu}\frac{\partial E_z}{\partial x} \tag{5.36}$$

$$\frac{\partial E_z}{\partial t}=\frac{1}{\varepsilon}\left(\frac{\partial H_y}{\partial x}-\frac{\partial H_x}{\partial y}\right) \tag{5.37}$$

電磁界の成分は同一の場所で定義されるが，FDTD 法では図 5.9 に示すように空間を小さなセル（$\Delta x \times \Delta y$）に分解し，セルの各頂点に電界 E_z を配置した上で，磁界 H_x, H_y は半セル分空間的にずらして配置することで微分方程式の更新を容易にしている．

時間的な変化を Δt のステップで離散的に更新するとき，図 5.9(a)に示す電磁界がすべて存在しない状態から原点に E_z ($t=0$) を与えると，図 5.9(b)に示す電界の空間差分から H_x, H_y が求められる．この磁界成分は $t=0$ での値を計算の都合上ずらしているので，$H_x(t=1/2)$, $H_y(t=1/2)$ と表す．次に磁界の空間差分から電界の値 E_z ($t=\Delta t$) を図 5.9(c)のように更新していく．空間座標 (x, y) と時間 (t) を次のように量子化すれば，電磁界の時間軸上での更新式が求められる．図中点線で示した電磁界成分は更新に必要な成分であるが，計算する時点では値が 0 となっていることを表している．

$$x=I\Delta x, \quad y=J\Delta y, \quad t=N\Delta t \tag{5.38}$$

$$H_x(x, y, t)=H_x(x, y, t-\Delta t)-\frac{\Delta t}{\mu}\frac{E_z(x, y, t)-E_z(x, y-\Delta y, t)}{\Delta y} \tag{5.39}$$

$$H_y(x, y, t)=H_y(x, y, t-\Delta t)+\frac{\Delta t}{\mu}\frac{E_z(x, y, t)-E_z(x-\Delta x, y, t)}{\Delta x} \tag{5.40}$$

$$E_z(x, y, t)=E_z(x, y, t-\Delta t)+\frac{\Delta t}{\varepsilon}\left\{\frac{H_y(x, y, t)-H_y(x-\Delta x, y, t)}{\Delta x}-\frac{H_x(x, y, t)-H_x(x, y-\Delta y, t)}{\Delta y}\right\} \tag{5.41}$$

FDTD 法を三次元の問題に適用するためには空間の 1 点 $p\ (i, j, k)$ に各辺

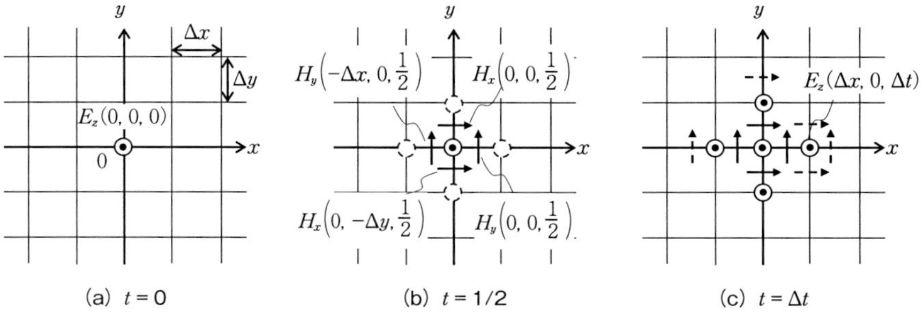

図 5.9 FDTD 法での電磁界成分の配置

の長さを Δx，Δy，Δz とする立方体を考え，図5.10(a)のように辺の中央に電界成分を，また，面の中心に磁界成分を割り当て，これを **Yee セル**とよぶ．対応する座標系 (x_i, y_j, z_k) を次のように定義する．図5.10(b)に示すように，yz 面上にある $H_x(I, J, K)$ は，各辺に割り当てられた電界の E_y と E_z 成分の回転をとって求められるので，時間 $n+1$ と時間 n の差分 Δt を考慮して，式(5.36)，(5.37)から次のように求められる．なお，電界と時間を交互に更新していくため，磁界の時間は $t=n'$ と表す．

$$H_x^{n'+1}(i,j,k)=H_x^{n'-1}(i,j,k)-\frac{\Delta t}{\mu}\left\{\frac{E_z^n(i,j,k)-E_z^n(i,j-1,k)}{\Delta y}-\frac{E_y^n(i,j,k)-E_y^n(i,j,k-1)}{\Delta z}\right\} \quad (5.42)$$

以下，同様にして各成分の時間更新式が求められる．

$$H_y^{n'+1}(i,j,k)=H_y^{n'-1}(i,j,k)-\frac{\Delta t}{\mu}\left\{\frac{E_x^n(i,j,k)-E_x^n(i,j,k-1)}{\Delta z}-\frac{E_z^n(i,j,k)-E_z^n(i-1,j,k)}{\Delta x}\right\} \quad (5.43)$$

$$H_z^{n'+1}(i,j,k)=H_z^{n'-1}(i,j,k)-\frac{\Delta t}{\mu}\left\{\frac{E_y^n(i,j,k)-E_y^n(i-1,j,k)}{\Delta x}-\frac{E_x^n(i,j,k)-E_x^n(i,j-1,k)}{\Delta y}\right\} \quad (5.44)$$

$$E_x^{n+1}(i,j,k)=E_x^n(i,j,k)+\frac{\Delta t}{\varepsilon}\left\{\frac{H_z^{n'}(i,j,k)-H_z^{n'}(i,j-1,k)}{\Delta y}-\frac{H_y^{n'}(i,j,k)-H_y^{n'}(i,j,k-1)}{\Delta z}\right\} \quad (5.45)$$

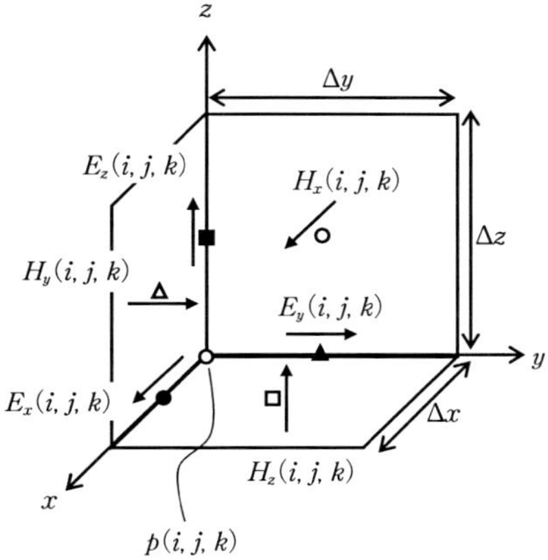

(a) 電磁界成分の割り当て

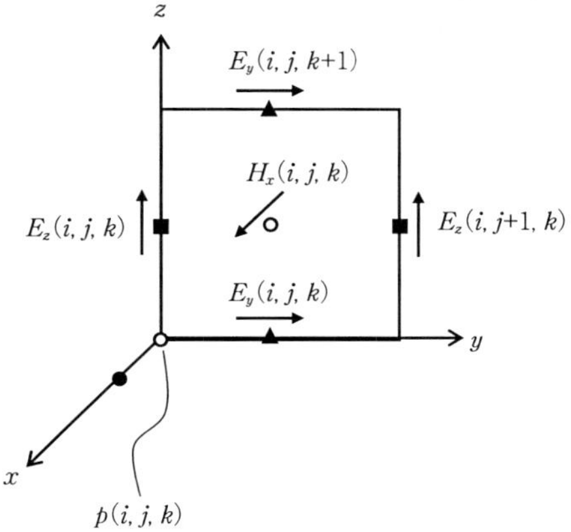

(b) 磁界成分の更新

図5.10 Yee セル

$$E_y^{n+1}(i,j,k)=E_y^n(i,j,k)+\frac{\Delta t}{\varepsilon}\left\{\frac{H_x^{n'}(i,j,k)-H_x^{n'}(i,j,k-1)}{\Delta z}-\frac{H_z^{n'}(i,j,k)-H_z^{n'}(i-1,j,k)}{\Delta x}\right\} \tag{5.46}$$

$$E_z^{n+1}(i,j,k)=E_z^n(i,j,k)+\frac{\Delta t}{\varepsilon}\left\{\frac{H_y^{n'}(i,j,k)-H_y^{n'}(i-1,j,k)}{\Delta x}-\frac{H_x^{n'}(i,j,k)-H_x^{n'}(i,j-1,k)}{\Delta y}\right\} \tag{5.47}$$

FDTD 法ではパルス波を入力して，その時間応答を観測する．入力パルスの一例としてはガウシアンパルスが用いられる．

$$f(t)=\exp\{-\alpha(t-t_0)^2\} \tag{5.48}$$

パルスのパラメータ α，t_0 は解析に必要な最大周波数で決定され，$\alpha=(4/t_0)^2$ とする例での時間応答波形は図 5.11(a)に示すように，パルスが最大となる $t/t_0=1$ から $\pm 0.5\,t/t_0$ 離れると 1/100 と十分小さくなるが，その値は 0 とはならない．この残留成分が FDTD 法での収束を支配するため，評価する値によっては異なるパルスを用いることがある．また，式(5.48)を倍精度の数値積分によってフーリエ変換したものが図 5.11(b)である．$t/t_0>7$ で波形が収束しないのは数値計算の精度による桁落ちである．したがって，桁落ちが生じない範囲でダイナミックレンジを設定する．一例として，最大周波数を 10 GHz として $wt_0=5$ までの範囲のレンジを使うとしたとき，$t_0=0.8\times10^{-10}$ s のパルスが必要となる．

また，解析に用いるセルの大きさは解析する上限の周波数での波長を λ_m とするとき，次の条件を満たすように定められる．ただし，微細な構造を解析す

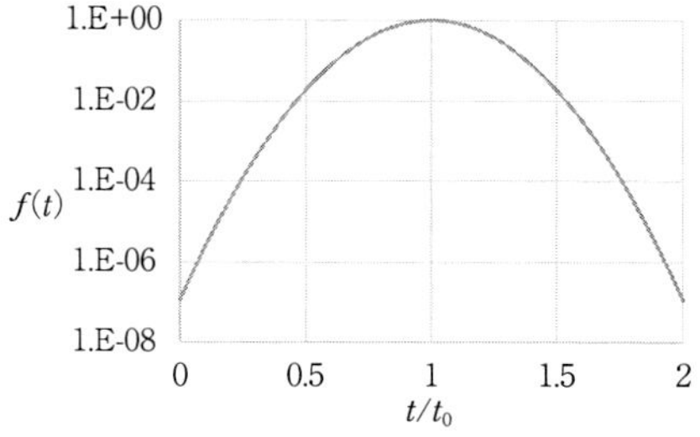

(a) 時間応答

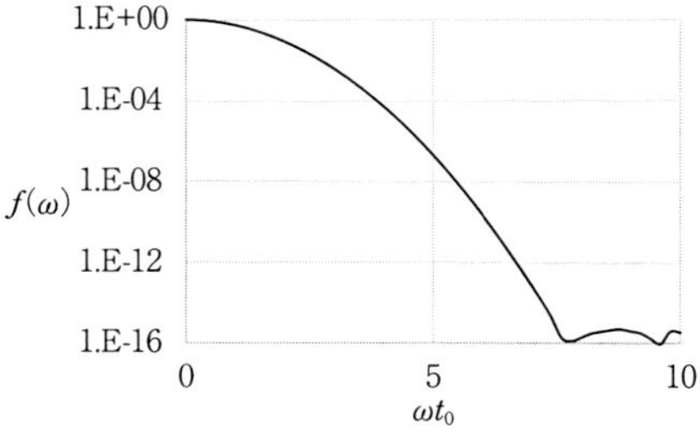

(b) 周波数応答

図 5.11　入力パルス

るときには，その構造を精度良く近似できる大きさのセルを用いる必要がある．

$$\Delta x, \Delta y, \Delta z \leq \frac{\lambda_m}{10} \tag{5.49}$$

また，時間差分を更新するタイムステップ Δt は光速を c として，次の関係を満たす必要がある．

$$c\Delta t \leq \frac{1}{\sqrt{\frac{1}{\Delta x^2}+\frac{1}{\Delta y^2}+\frac{1}{\Delta z^2}}} \tag{5.50}$$

解析に用いる空間は有限の大きさとなるので，アンテナからの放射を考えるような場合，解析領域の端で電磁波が反射しない仮想的な境界をつくる必要がある．この境界を吸収境界とよび，最も簡単な**Murの一次吸収境界**について示す．

ここで，y の負の方向に伝搬する波を $E_z(z+ct)$ と表すと，$y=0$ で波の満たすべき微分方程式は次式で表される．

$$\frac{\partial E_z}{\partial z}-\frac{1}{c}\frac{\partial E_z}{\partial t}=0 \tag{5.51}$$

上式を Yee セルに適用して，$y=0$ での更新式が得られる．

$$E_z^{n+1}(i, j, k)=E_z^n(i, j+1, k)+\frac{c\Delta t-\Delta y}{c\Delta t+\Delta y}\{E_z^{n+1}(i, j+1, k)-E_z^n(i, j, k)\} \tag{5.52}$$

吸収境界での反射量をさらに抑制するためには，二次吸収境界条件や仮想的な吸収材料を層状に並べるものが用いられている．

ここで，簡単な FDTD のプログラムを，一次元の伝送線路を例に考えてみる．図 5.12 に示すように x 軸方向に伝搬する電磁波は，E_z 成分と H_y 成分で

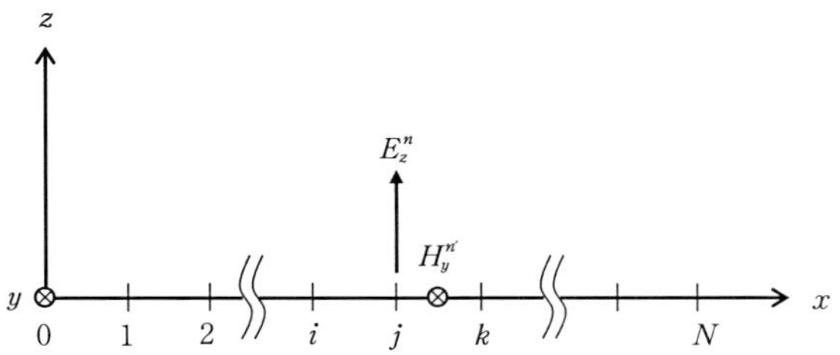

図 5.12　一次元伝送線路

表せ，$\partial/\partial y=0$ より，電界と磁界の時間更新式は，式(5.40)，(5.41)から次のように表せる．

$$H_y(x, 0, t)=H_y(x, 0, t-\Delta t)+\frac{\Delta t}{\mu}\frac{E_z(x, 0, t)-E_z(x-\Delta x, 0, t)}{\Delta x} \tag{5.53}$$

$$E_z(x, 0, t)=E_z(x, 0, t-\Delta t)+\frac{\Delta t}{\varepsilon}\frac{H_y(x, 0, t)-H_y(x-\Delta x, 0, t)}{\Delta x} \tag{5.54}$$

媒質を真空として，波動インピーダンスを Z_0，x 軸上で位置を i，時間ステップを n と表して，電磁界の更新式が求められる．

$$H_y^{n'+1}(i)=H_y^{n'-1}(i)+\frac{c\Delta t}{\Delta x}\frac{1}{Z_0}\{E_z^n(i)-E_z^n(i-1)\} \tag{5.55}$$

$$E_z^{n+1}(i)=E_z^n(i)+\frac{c\Delta t}{\Delta x}Z_0\{H_y^{n'}(i)-H_y^{n'}(i-1)\} \tag{5.56}$$

入力パルスは，式(5.48)より，図 5.11 と同様にして，$\alpha=(4/t_0)^2$ に対して，$t_0=0.8\times10^{-10}$ s の値を用い，対象とする最大周波数を 10 GHz とすれば，セルの大きさは，式(5.49)と $\lambda_m=30$ mm から $\Delta x=3$ mm となる．時間ステップは，式(5.50)で $\Delta x=\Delta y=0$ とおいて，$\Delta t=\Delta x/c$，また，真空中での光速を $c=3\times10^8$ m/s とすれば，$\Delta t=10^{-11}$ s で $t_0/\Delta t=8$ となる．入力パルスを式(5.48)にしたがって計算するとき，$f(t)=10^{-7}$ まで振幅が小さくなるためには，$|t/t_0-1|=1$ の条件を満足するように時間ステップを定めれば良い．時間ステップは $t=0$，$2t_0$ でこの条件を満足する．したがって，$n=16$ ステップまで入力パルスを加えることが必要となる．

一例として，線路の中央でパルスを入力したときの波の伝搬の様子を観測してみる．線路端部での境界条件の効果を明らかにするために，$x=0$ に一次の吸収境界条件，$x=4\lambda$ に開放条件を設定する．$x=0$ での吸収境界条件は，

$$E_z^{n+1}(0)=E_z^n(1)+\frac{c\Delta t-\Delta x}{c\Delta t+\Delta x}\{E_z^{n+1}(1)-E_z^n(0)\} \tag{5.57}$$

一次元線路において，セルの大きさと時間ステップには $c\Delta t=\Delta x$ の条件が成り立つので，上式より，$E_z^{n+1}(0)=E_z^n(1)$ となることが $x=0$ での吸収境界条件となる．したがって，波が x の負方向に伝搬するとき，$x=0$ での振幅を $x=\Delta x$ と同じ値として設定することが反射波の生じない条件となる．また，電気壁，磁気壁を $x=0$ に設定するときには，それぞれ，$E_z=0$，または $H_y=0$

を条件として与えれば良い.

◇参 考 文 献◇

[1] 電子情報通信学会 編 (2008):アンテナ工学ハンドブック (第 2 版), 第 12 章, オーム社.

◇演 習 問 題◇

5.1 長さ 30 cm, 半径 1 mm の柱状導体を 1 GHz で 50 Ω の給電線で励振するとき, 端から何 cm のところで反射係数が最小となるかモーメント法を用いて計算せよ.

5.2 半径 1 mm の柱状導体によるダイポールアンテナを考える. 中央で給電し導体長を変えたときのアンテナ指向性を計算するプログラムを作成せよ.

5.3 長方形断面の導波管において, $a=2b$ のとき導波管内を一様な比誘電率 ε_r で満たしたとき, TE モードの固有値を求めるプログラムを作成し, $\varepsilon_r=4$ での固有値を求めよ.

5.4 直角二等辺三角形の断面を有する導波管の固有値を有限要素法により求めよ.

5.5 長さ 4 波長の一次元線路を中央で励振し, その両端の境界条件を電気壁, 磁気壁, 一次吸収境界と仮定したときに入力パルスが伝搬する様子を FDTD 法で計算せよ.

付録1　数学公式

A.　ベクトル

$\boldsymbol{a}$, $\boldsymbol{b}$, $\boldsymbol{c}$ をベクトルとする.

$$(\boldsymbol{a}\times\boldsymbol{b})\cdot\boldsymbol{c}=(\boldsymbol{b}\times\boldsymbol{c})\cdot\boldsymbol{a}=(\boldsymbol{c}\times\boldsymbol{a})\cdot\boldsymbol{b} \tag{A.1}$$

$$\nabla\cdot(\boldsymbol{a}\times\boldsymbol{b})=\boldsymbol{b}\cdot\nabla\times\boldsymbol{a}-\boldsymbol{a}\cdot\nabla\times\boldsymbol{b} \tag{A.2}$$

$$\nabla\times\nabla\times\boldsymbol{a}=\nabla\nabla\cdot\boldsymbol{a}-\nabla^2\boldsymbol{a} \tag{A.3}$$

$$\nabla\cdot\nabla\times\boldsymbol{a}=0 \tag{A.4}$$

B.　ガウスの発散定理

$\boldsymbol{A}$ を任意のベクトル関数とする.

$$\oint_S \boldsymbol{A}\cdot d\boldsymbol{s}=\oint_V \nabla\cdot\boldsymbol{A}\, dv \tag{B.1}$$

C.　ストークスの定理

$\boldsymbol{A}$ を任意のベクトル関数とする.

$$\oint_S \nabla\times\boldsymbol{A}\, d\boldsymbol{s}=\oint_C \boldsymbol{A}\cdot d\boldsymbol{l} \tag{C.1}$$

D.　球座標系でのラプラシアン

$$\nabla^2=\frac{1}{r^2}\cdot\frac{\partial}{\partial r}\left(r^2\frac{\partial}{\partial r}\right)+\frac{1}{r^2\sin\theta}\cdot\frac{\partial}{\partial\theta}\left(\sin\theta\frac{\partial}{\partial\theta}\right)+\frac{1}{r^2\sin\theta}\cdot\frac{\partial^2}{\partial\phi^2} \tag{D.1}$$

付録2　演習問題略解

1.1　式(1.10)の両辺の発散をとり，式(1.6)と公式(A.4)から式(1.11)が得られる．

1.2　式(1.15)と式(1.16)に式(1.2)と(1.4)を代入すると得られる．

1.3　式(1.43)をそれぞれ z で2回偏微分したものと，t で2回偏微分したものを式(1.42)の左辺に代入すると0になる．

1.4　電界と磁界の直角座標系各成分について，角周波数 ω の正弦波電磁界の複素表示を導入し，式(1.41)の時間平均を求める．

1.5　$\boldsymbol{E}_1\times\hat{\boldsymbol{n}}=\boldsymbol{0}$，$\hat{\boldsymbol{n}}\times\boldsymbol{H}_1=\boldsymbol{0}$ となり，境界閉曲面 S 上の境界条件を満足するように，等価電流，等価磁流を導入する．

2.1　式(2.1)～(2.4)において，直角座標系でのベクトルの発散，回転の定義を代入し，直角座標系の成分ごとの式をつくり，式(2.5)を適用する．

2.2　$t=0$ と $t=T/4$ のときの偏波単位ベクトルの向きを考える．ここで T は周期である．

2.3　式(2.113)の分子が0となる式と式(2.94)から θ_t を消去する．

2.4　式(2.94)に $\theta_t=\pi/2$ を代入する．

2.5　式(2.112)において $C=0$ とすることで，A と B の関係が得られる．媒質1での電界と磁界は，入射波と反射波の和として表される．完全導体上の線密度電流は式(1.33)から求める．

3.1

$$E_\phi=-\frac{ZI\pi a^2\exp(-jkr)}{4\pi}\left(-\frac{k^2}{r}+\frac{jk}{r^2}\right)\sin\theta$$

$$H_r=\frac{I\pi a^2\exp(-jkr)}{4\pi}\left(\frac{2jk}{r^2}+\frac{2}{r^3}\right)\cos\theta$$

$$H_\theta=\frac{I\pi a^2\exp(-jkr)}{4\pi}\left(-\frac{k^2}{r}+\frac{jk}{r^2}+\frac{1}{r^3}\right)\sin\theta$$

$E_r=E_\theta=H_\phi=0.$

3.2　$P_r=40\pi^2(ka)^4I^2$, $R_r=20\pi^2(ka)^4$.

3.3 $\nabla\cdot\boldsymbol{E}=0$ であることから，$\boldsymbol{E}=(-1/\varepsilon)\nabla\times\boldsymbol{A}_m$ と置くことができる．この式を $\nabla\times\boldsymbol{H}=j\omega\varepsilon\boldsymbol{E}$ に代入して $\boldsymbol{E}$ を消去すると，$\nabla\times(\boldsymbol{H}+j\omega\boldsymbol{A}_m)=0$ を得るから，$\boldsymbol{H}+j\omega\boldsymbol{A}_m=-\nabla\phi_m$ と置くことができる．この後は3.1.2と同様にして導出する．

3.4

$$\boldsymbol{A}_m=\hat{\boldsymbol{z}}\frac{\varepsilon Ml\exp(-jkr)}{4\pi r}$$

$$E_\phi=-\frac{Ml\exp(-jkr)}{4\pi}\left(\frac{jk}{r}+\frac{1}{r^2}\right)\sin\theta$$

$$H_r=-j\omega\frac{\varepsilon Ml\exp(-jkr)}{4\pi k^2}\left(\frac{2jk}{r^2}+\frac{2}{r^3}\right)\cos\theta$$

$$H_\theta=-j\omega\frac{\varepsilon Ml\exp(-jkr)}{4\pi k^2}\left(-\frac{k^2}{r}+\frac{jk}{r^2}+\frac{1}{r^3}\right)\sin\theta$$

$$E_r=E_\theta=H_\phi=0$$

3.2の微小電流ダイポールからつくられる電磁界の式において，$I\to M$，$\boldsymbol{E}\to\boldsymbol{H}$，$\boldsymbol{H}\to-\boldsymbol{E}$，$\varepsilon\to\mu$ と置き換えると，微小磁流ダイポールの電磁界の式と一致する．この性質を双対性という．

3.5 $j\omega\mu I\pi a^2=Ml$ あるいは $jkZI\pi a^2=Ml$ とおくと，演習問題3.2と3.4の結果は一致する．

3.6 省略.

3.7 $l_e=\dfrac{\lambda}{\pi}\tan\dfrac{\pi l}{\lambda}$.

3.8 $G_d=\dfrac{2}{1-\cos\theta_0+\alpha^2(1+\cos\theta_0)}$.

3.9 $|\Gamma|\cong-8.5\,\mathrm{dB}$，$\rho\cong\dfrac{1+0.37}{1-0.37}=2.2$.

3.10 $10\log L=116\,\mathrm{dB}$，$P_2=-28\,\mathrm{dBm}$.

4.1 省略.

4.2 省略.

4.3 $43+j36.5\,\Omega$

4.4 (1) 省略.

(2) $126+j25\,\Omega$

(3) 9.7 dBd

4.5 (1)

H 面 ($\phi=0$)　$$E_\phi=\frac{jE_0ab}{\pi\lambda}\frac{\exp(-jkr)}{r}(1+\cos\theta)\frac{\cos\left(\frac{\pi a}{\lambda}\sin\theta\right)}{1-\left(\frac{2a}{\lambda}\sin\theta\right)}$$

E 面 $\left(\phi=\frac{\pi}{2}\right)$　$$E_\theta=\frac{jE_0ab}{\pi\lambda}\frac{\exp(-jkr)}{r}(1+\cos\theta)\frac{\sin\left(\frac{\pi b}{\lambda}\sin\theta\right)}{\frac{\pi b}{\lambda}\sin\theta}$$

概形は省略.

(2) 81%

(3) 17.86 dBi

5.1 端部から約 7 cm 程度.

5.2 省略.

5.3 $\pi/2$.

5.4 $\sqrt{2\pi}$.

5.5 省略.

索　引

あ　行

アクティブインピーダンス　107
アレーアンテナ　96
アレー・オブ・アレー　102
アレーファクタ　99
アンペール・マクスウェルの法則　4

一意性定理　20
一様励振　102
インピーダンス行列　75

右旋円偏波　27

影像アンテナ　93
エバネッセント波　47
エンドファイア・アレー　97
円偏波　27
遠方界　65
遠方領域　123

オフセット　129
折り返しアンテナ　92

か　行

開口効率　81, 122
開口面アンテナ　115
回線設計　82
ガウスの法則　3
可逆定理　19
拡張されたアンペールの法則　4
カージオイド指向性　118
可視領域　100
カット面　67
ガラーキン法　137

基準アンテナ　79
起電力法　74
基本モード　129
逆Ｆアンテナ　95
逆Ｌアンテナ　94
球面波　10
供試アンテナ　79
近傍領域　123

グース・ヘンシェンシフト　48
屈折角　41
屈折の法則　42
屈折率　11
グリーン関数　60
グレーティングローブ　101
クーロン力　1

高次モード　129
コセカント２乗パターン　106
コーナーリフレクタアンテナ　114
コリニアアンテナ　113

さ　行

サイドローブ　100
左旋円偏波　27

軸比　28
軸モードヘリカル　95
自己インピーダンス　75
指向性　67
指向性相乗の原理　99
指向性利得　79
自然境界条件　140
実効開口面積　78, 122
実効長　73
実効比誘電率　129
自由空間伝搬損失　82
受信開放電圧　76
受信有能電力　77
主ビーム　100
シュペルトップバラン　88
準静電界　65
進行波　25

垂直偏波　27
水平偏波　27
スネルの法則　42
スーパー・ターンスタイルアンテナ　113
スロットアンテナ　125

絶対利得　79
線状アンテナ　69
全反射　47

相互インピーダンス　75
相互結合　107
相対利得　80
相反性　108
相反定理　19, 75
素子　97
素子アンテナ　97
素子指向性　98

た　行

対数周期アンテナ　112

ターンスタイルアンテナ　112

チェビシェフ分布　104
直線状アンテナ　87
直線偏波　27
直交偏波　40

定在波　33
テイラー分布　104
ディレクレ条件　140
デルタ関数　60
電荷保存の式　5
電流連続の式　5

透過角　41
等価磁流　22
等価素子辺長　129
等価定理　22
等価電流　22
動作利得　81
透磁率　3
導体抵抗　55
導電性媒質　55
導電率　2
等方性アンテナ　79

な　行

内部インピーダンス　77

入射角　41
入射面　40
入力インピーダンス　74

ヌル　100
ヌル点　100

ノイマン条件　140
ノーマルモードヘリカル　95

は　行

波数　25
波数ベクトル　30
波長　25
バット・ウィングアンテナ
　112
波動インピーダンス　11
波動方程式　18
腹　33
バラン　88
汎関数　140
反射角　41
反射鏡アンテナ　115
反射の法則　42
反射板付きダイポールアンテナ
　113

微小（電流）ダイポール　62
微小ループアンテナ　91
比透磁率　3
ビーム走査アンテナ　106
比誘電率　2
表皮の厚さ　55

ファラデーの法則　5
フェーズドアレー　106
負荷インピーダンス　77
不可視領域　100
複素ポインティングベクトル
　18
複素誘電率　55
節　33
ブッカーの関係式　127
不平衡線路　87
フラウンホーファー領域　123
プラナーアレー　101
フリスの伝達公式　82
ブリュースター角　46
フリンジング効果　129
フリンジング電界　130
プリントアンテナ　124
フレネル領域　123
ブロードサイド・アレー　97

平衡線路　87
平衡-不平衡変換　88
平行偏波　40
平面アンテナ　124
平面波　10
ベクトルヘルムホルツ方程式
　29
ヘリカルアンテナ　95
変位電流　4
偏波　27

ホイヘンスの波源　119
ポインティングベクトル　17
放射界　65
放射効率　82
放射抵抗　69
放射パターン　67
放射ベクトル　117
ホーンアンテナ　115

ま　行

マイクロストリップアンテナ
　128
マイクロストリップライン
　127
マクスウェルの方程式　6

無指向性　68

メインローブ　100
面アレー　101
面積座標　142

モノポールアンテナ　94
モーメント法　136

や　行

八木・宇田アンテナ　111

有限要素法　140
誘電性媒質　55
誘電率　2
誘導界　65

容量装荷モノポール　95

横波　11

ら　行

リニアアレー　99
リフレクタアンテナ　115
臨界角　47

ループアンテナ　88

ログペリアンテナ　112
ローレンツ条件　59
ローレンツ力　1

英　数

E 面　67

FDTD 法　145

H 面　67

Mur の一次吸収境界　149

T 型アンテナ　95
TE 波　40
TEM 波　38
TM 波　40

U バラン　88

Yee セル　147

1 波長ループアンテナ　92
3 dB ビーム幅　72

著者略歴

広川二郎（ひろかわ じろう）

1965年　東京都に生まれる
1990年　東京工業大学大学院理工学研究科電気・電子工学専攻修士課程修了
現　在　東京工業大学工学院教授
　　　　博士（工学）

木村雄一（きむら ゆういち）

1973年　埼玉県に生まれる
2001年　東京工業大学大学院理工学研究科電気・電子工学専攻博士課程修了
現　在　埼玉大学大学院理工学研究科数理電子情報部門准教授
　　　　博士（工学）

新井宏之（あらい ひろゆき）

1960年　茨城県に生まれる
1987年　東京工業大学大学院理工学研究科電子物理工学専攻博士課程修了
現　在　横浜国立大学大学院工学研究院知的構造の創生部門教授
　　　　工学博士

電波工学基礎シリーズ1
電磁波工学　　定価はカバーに表示

2018年12月1日　初版第1刷
2025年6月25日　　　第6刷

著　者　広川二郎
　　　　木村雄一
　　　　新井宏之
発行者　朝倉誠造
発行所　株式会社 朝倉書店
東京都新宿区新小川町6-29
郵便番号　162-8707
電　話　03(3260)0141
FAX　03(3260)0180
https://www.asakura.co.jp

〈検印省略〉

印刷・製本　デジタルパブリッシングサービス

ISBN 978-4-254-22214-2　C 3355　Printed in Japan